KB273483

쉼표,
순천
보성

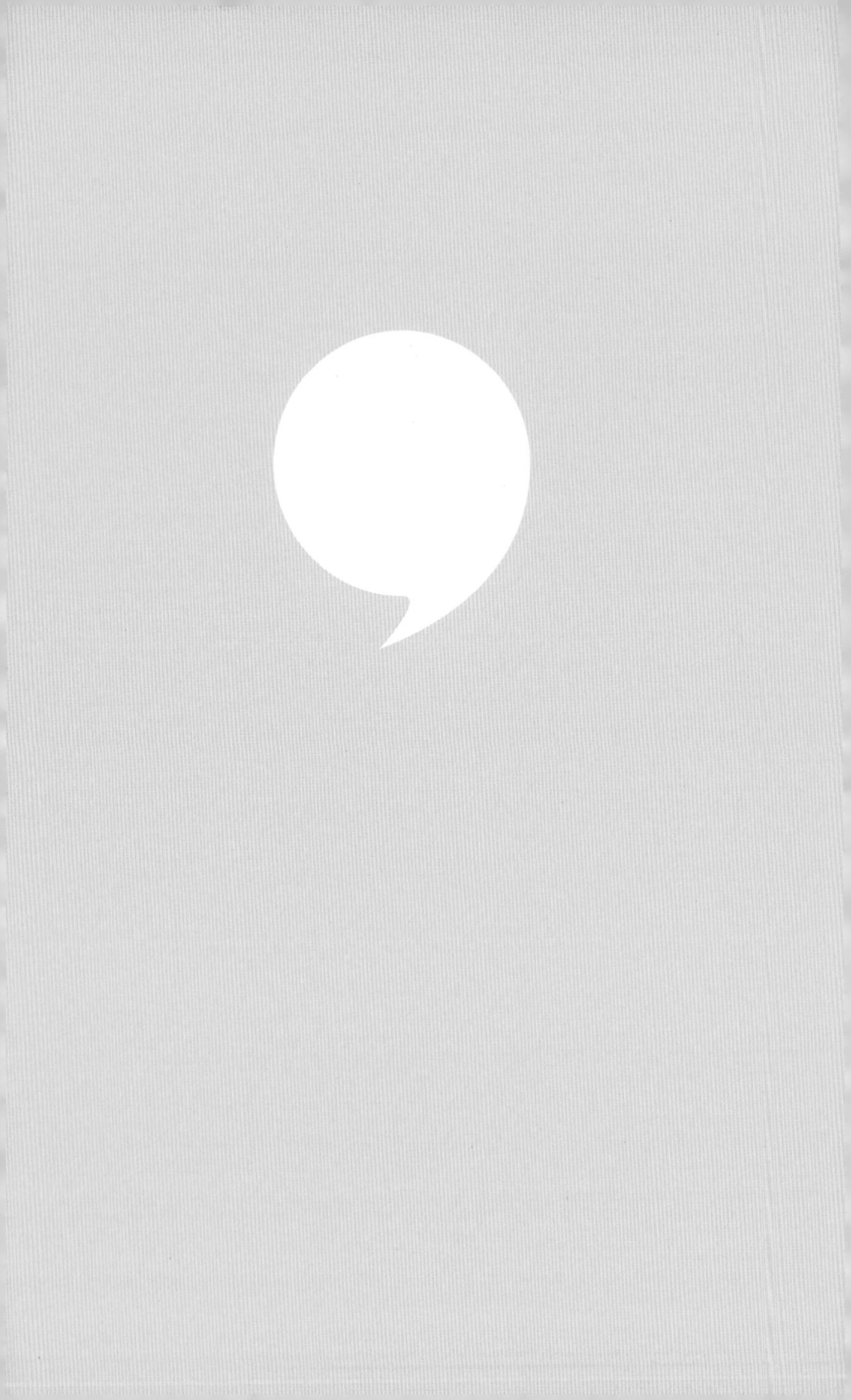

휴식이 필요한 당신을 위한 맞춤 순천 보성 여행

쉼표, 순천 보성

이환길 지음

순천만

와온해변

우편 수취함
우편번호
성 명

남제골벽화마을

순천만

금전산

선암사

대한다원

품에 기대어 안기듯
그곳으로 달려가자

삶의 속도에 시달리는 당신에게 언제든 기대어 안길 수 있는 품이 하나 있었으면 좋겠다. 두 다리 후들거리도록 달려가도 세상이 요구하는 속도에 도무지 발을 맞출 수 없을 때, 이미 늦어버렸다고, 벌써 지쳐버렸다고, 당장 쓰러지겠다고 입술 떨며 웅크려 앉은 당신 곁으로 새벽 둥지처럼 따뜻한 품 하나 펼쳐졌으면 좋겠다.

순천은 그런 '품' 같은 공간이다. 울렁거리는 마음을 쓰다듬는 갈대 소리와 백지처럼 텅 빈 감성을 채색하는 해변의 노을, 그리고 대화의 강요로 말문 막혀버린 입술을 열어줄 순박한 인사들이 바람 따라 흘러다니는 곳. 속도 따위야 산사 처마 아래 걸어두고 어슬렁어슬렁 게으름을 피울 수 있는 곳. 아무도 당신의 게으름을 비웃지 않는 곳. 게으름조차 예쁜 추어이 되는 곳. 당신이 그런 순천으로 달려가 갈대 소리에, 노을에, 갯벌에, 돌담에, 산사 처마에 폭 안기었으면 좋겠다. 어린 시절, 꽈당 넘어져 까져버린 팔뚝을

붙잡고 엄마 품으로 달려가 안겼던 그때 그 꼬마의 모습 그대로 순천에 안겨버렸으면 좋겠다.

그렇게 위로를 얻고도 하루이틀 더 허락된다면 순천을 건너 보성에 닿아 그곳에서 또 하나의 쉼을 얻어갈 일이다. 초록 녹차밭이 1년 내내 싱싱한 봄을 안겨주고, 율포의 바닷바람이 여름의 열망을 쏟아부을 것이다. 덤으로 벌교를 걸으며 잊혀진 역사를 기억하고 문학의 힘도 이해할 수 있을 테다.

순천에서 보성까지 당신의 발길이 어디에 머물며 무엇을 보고 느끼고 먹어야 하는지, 당신이 오직 여행에만 집중할 수 있도록 이 책이 대신 지도를 그려줄 것이다. 지리적 인접성에 따라 순천은 시내권, 순천만권, 낙안읍성권, 조계산권으로 나눴고 보성은 보성읍권과 벌교읍권으로 간편하게 나눴다. 또한, 원활한 이동을 고려해 코스 순서를 배치했다. 각 코스는 기본적으로 하루를 기준으로 하지만, 자신의 취향에 맞춰 순천을 좀더 여유롭게 느끼고 싶다면 몇 개의 코스를 선별해 며칠의 시간을 두고 천천히 둘러볼 것을 권한다.

여행의 지도가 그려졌으니, 이제 당신은 그저 티켓을 끊고 '당분간의 시간'만을 준비하면 된다. 성큼 다가가 순천과 보성의 품에 냉큼 안길 작은 용기만 준비하면 된다. 거기, 당신이 안기어 머물 아늑한 풍경이 두 팔 벌려 기다리고 있다.

주암호

선 암 사 →
(Seonamsa)   0.2km
← 송 광 사
6.5km (Songgwangsa)
← 야외학습장
0.3km field learning yard

05 보성읍권
초록을 노니는 보성

조정래
太白山脈
문학관
Jo Jung-rae
Tae-baek Mountain Range
Literature Museum

순천, 어떻게 갈까

★ 버스편

순천으로 갈 때

도시	첫차	막차	소요시간
서울발	6:10	23:00	3시간 45분

도시	첫차	막차	소요시간
부산발	7:00	20:00	2시간 30분

도시	첫차	막차	소요시간
광주발	5:40	23:00	1시간 10분

도시	첫차	막차	소요시간
보성발	6:40	21:10	1시간

순천에서 돌아올 때

도시	첫차	막차	소요시간
서울행	5:40	24:30	4시간

도시	첫차	막차	소요시간
부산행	7:00	21:30	2시간 40분

도시	첫차	막차	소요시간
광주행	6:10	23:40	1시간 20분

도시	첫차	막차	소요시간
보성행	5:56	21:20	1시간

버스터미널 연락처

순천종합버스터미널 1666-6563
보성시외버스터미널 070-7431-2879
벌교버스공용터미널 061-857-2149
센트럴시티터미널 02-6282-0114

부산종합버스터미널 1577-9956
광주종합버스터미널 062-360-8114
인천종합터미널 032-430-7114
동대구고속버스터미널 1588-6900

★ 열차편 (코레일 1544-7788)

순천으로 갈 때

서울발	첫차	막차	소요시간	열차
용산역-순천역	6:35	22:45	4시간 30분	무궁화
용산역-순천역	5:20	21:15	3시간 10분	KTX

부산발	첫차	막차	소요시간	열차
사상역-순천역	6:22	19:05	3시간 20분	무궁화

대전발	첫차	막차	소요시간	열차
서대전역-순천역	00:42	23:25	2시간 35분	무궁화
서대전역-순천역	6:26	22:16	2시간	KTX

보성발	첫차	막차	소요시간	열차
보성역-순천역	8:04	14:52	1시간	무궁화

순천에서 돌아올 때

서울행	첫차	막차	소요시간	열차
순천역-용산역	5:31	21:26	3시간 10분	KTX
순천역-용산역	7:24	19:50	5시간	무궁화

부산행	첫차	막차	소요시간	열차
순천역-사상역	6:10	19:00	3시간 30분	무궁화

대전행	첫차	막차	소요시간	열차
순천역-서대전역	7:24	19:50	2시간 50분	무궁화
순천역-서대전역	5:31	21:26	2시간 10분	KTX

보성행	첫차	막차	소요시간	열차
순천역-보성역	5:55	17:35	1시간	무궁화

* 열차에 따라 소요시간에 차이가 있으므로 탑승 전 반드시 확인하자.

순천, 어떻게 다닐까

1. 주요 버스

순천 시내버스

1번 선암사, 순천전통야생차체험관

16번 금강암, 순천꽃마차마을, 낙안읍성민속마을

59번 죽도봉공원, 조례호수공원

61번 금강암, 순천꽃마차마을, 낙안읍성민속마을, 동천, 죽도봉공원

63번 낙안읍성민속마을, 남제골벽화마을, 동천, 문화의 거리,
뿌리깊은나무박물관, 선암사, 송광사, 죽도봉공원

67번 남제골벽화마을, 순천만정원,
순천만자연생태공원, 순천문학관

77번 죽도봉공원, 문화의 거리, 순천오픈세트장

82번 동천, 죽도봉공원, 화포해변

84번 동천, 동화사

111번 송광사, 순천향교, 문화의 거리

777번 순천오픈세트장, 남제골벽화마을

위 버스들은 대부분 순천역과 순천종합버스터미널을 경유하며 시청과 구시가지를 지난다. 마이비, 한페이, 캐시비, 티머니 카드와 신용카드 사용이 가능하며, 환승 할인이 가능하다.
순천시 버스정보시스템 bis.sc.go.kr

순천과 벌교를 잇는 버스

88번 문화의 거리, 순천역, 보성여관, 홍교, 태백산맥문학관

2. 택시

순천만갈대콜택시 061-746-5114

순천미인콜 061-750-4000

남도택시콜 061-752-1212

순천아하콜택시 061-740-3000

순천신화콜택시 061-744-0900

순천개인콜택시 061-723-2000

3. 렌터카

현대렌트카 순천지점 061-726-0003

KT렌탈 순천지점 061-724-8000

4. 시티투어

선암사 코스(수, 금, 일/출발 9:30, 도착 17:20)

순천역 → 순천오픈세트장 → 선암사 → 뿌리깊은나무박물관/낙안읍성민
속마을→순천만→순천역

송광사 코스(화, 목, 토/출발 9:30, 도착 17:20)

순천역 → 순천오픈세트장 → 송광사 → 뿌리깊은나무박물관/낙안읍성민
속마을→순천만→순천역

시내권 코스(매일/출발 10:00, 도착 17:20)

월~토 순천역 → 순천오픈세트장 → 문화의 거리(기독교박물관 등) →
순천만정원(국제습지센터)→순천만→순천역

일 순천역 → 순천오픈세트장 → 상사댐 물문화관 → 문화의 거리(기독교
박물관 제외)→순천만정원(국제습지센터)→순천만→순천역

● **예약 및 문의** 061-749-3107

yeyak.suncheon.go.kr/yeyak

순천역 관광안내소 061-749-3107

순천종합버스터미널 관광안내소 061-749-3839

낙안읍성민속마을 관광안내소 061-749-8849

순천만정원 관광안내소 061-749-2955~7

송광사 관광안내소 061-755-0107

선암사 관광안내소 061-754-5247

순천오픈세트장 관광안내소 061-749-4003

주요 기관 문의처와 홈페이지

관광순천 061-749-3114, tour.suncheon.go.kr/tour

순천놀러와 061-811-2233, www.nolowa.kr

순천미인 순천시에서 인증한 친환경 고품질 농작물, 축산물, 임산물, 수산물, 특산물 브랜드

순천만함초 순천만에서 소금을 흡수하며 자란 식물, 061-745-5599

명인신광수차 선암사 스님들의 야생 작설차 제조법이 담긴 차, 061-754-5235

사삼주 500년 전통방식으로 낙안에서 빚은 민속명주, 061-754-2517

낙안민속문화축제 5월 중순, 낙안읍성

순천만갈대축제 10월 말, 순천만 일원

남도음식문화큰잔치 10월 중순, 낙안읍성

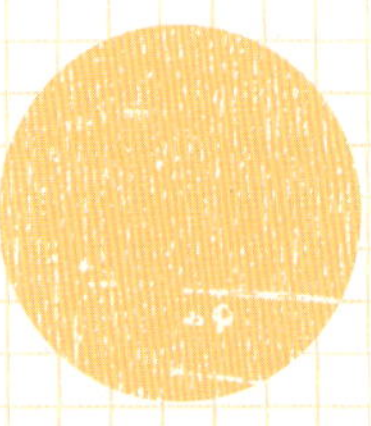

읽고 보고 가면 좋다

Book

『무진기행』
김승옥

『오세암』
정채봉

『나의 문화 유산 답사기 6』
유홍준

『곽재구의 포구기행』
곽재구

Movie

〈안개〉
김수용 감독
신성일, 윤정희 주연

〈취화선〉
임권택 감독
최민식, 유호정, 안성기, 김여진 주연

〈동승〉
주경중 감독
김태진, 오영수, 김예령 주연

〈YMCA야구단〉
김현석 감독
송강호, 김혜수 주연

〈늑대소년〉
조성희 감독
박보영, 송중기 주연

Drama

〈사랑과 야망〉
곽영범 연출 | 김수현 극본
조민기, 이훈, 한고은 주연

〈에덴의 동쪽〉
김진만 연출 | 나연숙 극본
송승헌, 연정훈, 한지혜 주연

날씨

남부지방인 만큼 따뜻한 기후를 자랑해 사계절 언제 가도 좋다. 겨울에도 영하로 떨어지는 날이 많지 않고 비교적 온난한 편이라 다른 지역에 비해 겨울이 짧게 느껴지지만 바닷가의 바람은 꽤 매섭다. 가을에는 안개가 오랜 시간 지속되기도 하니 운전을 한다면 주의해야 한다.

짐과 신발

순천은 여행을 다니기에 아주 편리한 지역은 아니다. 시내권 외에는 여행지 간 거리가 상당한 경우가 많고, 때때로 산길이나 들판을 거닐어야 할 경우도 있다. 가급적 무거운 짐은 숙소에 맡기거나 순천역 또는 순천종합버스터미널 유료 보관함에 보관하고, 편안한 운동화 혹은 트레킹화를 신고 다닐 것을 권한다. 특히 낙안읍성권과 조계산권을 여행할 때는 꼭 트레킹화를 준비하자.

곡성
선암사
화순
04
조계산권
송광사
굴목재길
순천전통야생차체험관
03
낙안읍성권
순천꽃마차마을
금강암
낙안읍성민속마을
뿌리깊은나무박물관
보성

구 례
하 동
문화의 거리
02
시내권
동천
조례호수공원
순천오픈세트장
순천향교
남제골벽화마을
죽도봉공원
광 양
순천문학관
순천만자연생태공원
동화사
01
순천만권
화포해변
여 수
대성상회

01 순천만권

위로와
치유의
순천

위로받고 치유하는 순천만 코스

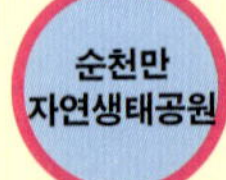

순천만 자연생태공원
순천문학관
걸어서 30분 또는 버스로 15분 (갈대열차 5분)
버스로 1시간 40분

순천만하루애펜션
순천문학관
강변장어
A
B
아띠게스트하우스
영암순천고속도로
2
운천지
← 동화사
벌량면사무소
순천만빌리지펜션
도솔갤러리
순천만자연생태공원
C
원창역
용산전망대
순천만
순천만일출펜션
일몰한옥펜션
와온해변
가배두림
비체
화포해변
주요 장소
식당
카페
숙소
여기도 한번
주요 시설
A. 들마루
B. 순천만무진게스트하우스
C. 순천만일번가
거차뻘배체험장

걷기 난이도 ★★☆☆☆

버스와 도보를 병행해야 하는 불편함이 조금 있지만, 대체적으로 이동하기 수월한 편이다. 단, 순천만자연생태공원을 통해 용산전망대에 오르는 전망대 코스는 다소 힘겨울 수 있으니 여유로운 걸음걸이가 필요하다.

언제 가면 좋을까

늦가을에서 초겨울 무렵. 늦가을 하얀 솜털로 몸을 부풀린 갈대 이삭은 이 시기에만 감상할 수 있다. 특히, 순천만 갈대밭으로 낮게 쏟아지는 11월의 저녁노을은 순천만 최고의 장관이라 할 수 있다.

본격적인 여행에 앞서

1. 숙소와 식당은 순천만자연생태공원 입구 맞은편에 몰려 있다. 오후 3~4시 무렵 순천만자연생태공원을 천천히 산책한 후, 용산전망대에서 저녁노을을 감상하고 돌아와 공원 건너편의 식당가를 방문하면 한나절짜리 순천만 여행이 완성된다.

2. 순천만자연생태공원에서 순천문학관까지는 걸어서도 충분히 갈 수 있지만, 동화사나 화포해변까지는 반드시 차량을 이용해야 한다. 순천문학관에서 67번 버스로 도사동주민센터까지 이동한 후 다시 청암대학정류장에서 84번을 타고 용안정류장에 내리면 동화사에 갈 수 있다. 동화사에서 화포해변까지는 84번 버스로 상림정류장까지 이동한 후 81번 버스로 갈아타면 된다. 꼭 미리 버스 시간대를 파악하자.

3. 순천만자연생태공원은 나무 데크가 깔려 있어 휠체어와 유모차로도 둘러볼 수 있다. 다만 용산전망대로 가는 길은 가팔라 휠체어와 유모차로는 오르기 어렵다.

39

이것만은 꼭

★ **순천만을 배경으로 사진 찍기.** 22.6제곱킬로미터(약 680만 평)에 달하는 순천만은 어디서도 볼 수 없는 최상의 절경을 자랑한다. 눈으로만 담아두기 아깝다. 두고두고 마음을 위로 받을 추억을 간직하고 싶다면 사진은 필수다.

★ **용산전망대에 올라 사랑하는 이에게 엽서를 띄워보자.** 용산전망대에는 엽서 무인 판매대(1000원에 2매)가 있다. 즉석에서 메시지를 적어 사랑하는 친구, 가족에게 보내는 낭만 한 장쯤은 누려볼 것. 특정 기념일에 맞춰 배송되는 느림보 우체통과 바로 배송되는 빠른 우체통이 있으니, 각각 한 장씩 따로 보내보는 것도 좋겠다.

★ **자전거를 타고 순천문학관까지 달려보자.** 순천시가 운영하는 무인 자전거 온누리 자전거는 순천만 임시 주차장 인근에도 있으니, 순천문학관까지 이어지는 갈대숲 길을 따라 자전거로 달려보는 호사를 누려보길.

★ **화포해변에서 와온해변까지 도보여행을.** '순천만 갈대길'이라 명명한 16킬로미터의 산책로를 따라 4시간 30분에서 5시간가량 걷는다. 길 중간에 지나쳐야 하는 용산전망대를 제외하고는 대부분이 평지라 걷기에 부담이 없으니, 한나절쯤 시간을 내어 갈대와 갯벌을 벗 삼아 천천히 걸어보자.

화포해변

용산전망대에서 바라본 순천만

순천만자연생태공원

쉼과 위로의 도시 순천을 엄마라고 표현한다면, 순천만은 엄마의 품이겠다. 순천을 찾는 여행자들은 순천만자연생태공원을 순천의 정체성이자 순천만을 가장 가까이 꼼꼼하게 느껴볼 수 있는 공간으로 뽑는다. 국내에서 더는 찾아볼 수 없는 해안하구의 자연생태계가 원형에 가깝게 보전된 곳으로, 현재 세계 5대 연안습지의 하나로 인정받고 있다. 그 위용에 힘입어 지난 2003년 12월에는 해양수산부로부터 습지보존지역으로 지정되었으며, 2004년에는 동북아 두루미 보호 국제네트워크에 가입, 2006년 1월에는 전국 연안습지 최초로 람사르협약(물새 서식지로서 특히 중요한 습지 보호에 관한 국제적 협약)에 등록되었다.

5.4제곱킬로미터(약 160만 평)의 빽빽한 갈대밭과 끝을 가늠할 수 없는 22.6제곱킬로미터(약 680만 평)의 광활한 갯벌을 곁에 두고 느릿하게 걷노라면, 매분 매초 등을 떠밀던 도시의 시간과 속도는 완전하게 잊힌다. 한발 한발 풍경의 중심으로 멈춤 없이 나아가다보면, 엄마 품에 푹 안긴 듯 상한 마음의 모서리까지 말끔하게 치유되는 것을 느낄 수 있다. 파도처럼 스러지는 갈대밭의 일렁거림, 일렁거리는 갈대를 따라 수런거리는 바람의 소리, 그리고 데크 탐방로의 뚜벅뚜벅 다정한 발걸음까지 모든 것이 나를 향한 위로로서 존재한다. 그 안에서 한껏 위로받은 마음은 이내 먼 바다로 항해를 떠나듯 접었던 돛을 펼칠 것이다.

알고 가면 더 좋다

순천만은 세계적인 철새보호구역으로 순천만을 찾는 철새는 총 230여 종, 우리나라 전체 조류의 절반가량에 달한다. 겨울이면 흑두루미, 재두루미, 노랑부리저어새, 검은머리갈매기 등 국제적으로 보호되고 있는 희귀 철새들을 볼 수 있다.

순천만의 생태를 책임지는 갯벌 생물들을 관찰하는 것도 색다른 즐거움이다. 농게, 칠게, 짱뚱어 등 순천을 대표하는 갯벌 생물이 한데 어우러져 살아가고 있다. 여름 시즌이면 뻘배를 타고 갯벌을 누비며 짱뚱어를 낚는 어부들의 모습도 볼 수 있다.

매년 10월 말에서 11월 초 즈음 '순천만갈대축제'가 개최된다. 순천만자연생태공원을 비롯해 동천 일대를 배경으로 공연, 전시, 체험, 퍼레이드, 걷기대회 등을 진행한다.

갈대가 피는 가을도 아름답지만 여름의 순천만도 생명력이 넘친다. 용산전망대에 올라 순천만 S라인 양 옆으로 자리한 푸른 갈대와 빨간 칠면초를 카메라에 담아보자.

순천만 자연생태공원으로 가는 버스는 67번이다. 순천역과 순천종합버스터미널을 지나며 배차간격은 약 30분이다.

순천만의 싱싱한 생태 풍경을 더 가까이 느껴보고 싶다면, 생태체험선에 올라보자. 순천만 S자 갯골을 지나 대대선착장으로 돌아오는 왕복 6킬로미터의 유람 코스로 해설사가 동승해 순천만의 다양한 이야기를 들려준다.

- **코스** 대대선착장→순천만 S자 갯골→대대선착장
- **운항시간** 25분 간격 운항(기상 조건에 따라 변동될 수 있음)
- **비용** 4000원
- **문의** 생태체험선 매표소 061-749-4059

순천만자연생태공원에서 순천문학관까지는 갈대열차를 이용해보자. 열차는 40분 간격으로 왕복 운행하며, 순천문학관에서 약 20분간 정차한 후 돌아온다. 달리는 열차에서 바라보는 갈대밭은 또 다른 감동으로 다가올 것이다.

- **코스** 대대선착장→순천문학관→대대선착장
- **운행시간** 40분 간격으로 출발
- **비용** 1000원
- **문의** 갈대열차 매표소 061-749-3758

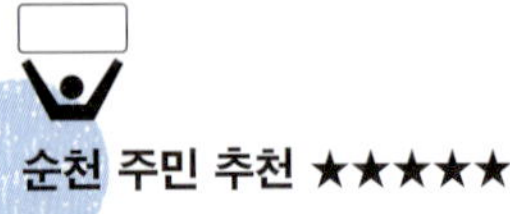

순천 주민 추천 ★★★★★

"갈대밭을 찬란하게 밝히는 햇빛 가득한 대낮도 좋지만, 오렌지 빛깔로 노을을 쏟아내는 가을 저녁 풍경이 일품이랍니다. 노을빛을 가득 머금고 흩날리는 하얀 이삭 뭉치는 마치 날개를 펼친 천사의 모습을 연상케 합니다."

● **주소** 순천시 순천만길 513-25
● **입장시간** 8:00~일몰 전(계절별 탄력운영)
● **입장료** 2000원
● **평균 소요시간** 머무르는 만큼
● **문의** 061-749-4007

순천문학관

세상 모든 아름다운 공간에는 두 개의 요소가 필수적으로 존재
한다. 아름다운 공간을 끊임없이 아름답게 완성시키는 찬란한 풍
경과 그 찬란한 풍경을 가슴으로 먹고 마시는 예술가. 쿠바의 아
바나와 헤밍웨이가 그러했고, 남프랑스의 아를과 고흐가 그러했
으며, 폴란드의 바르샤바와 쇼팽이 그러했다. 순천에도 여지없이
그 두 개의 요소가 뿌리를 내리고 있으니, 순천의 풍경을 완성하
는 순천만과 순천이 낳은 두 문호 김승옥과 정채봉이 그렇다. 소
설 「서울 1964년 겨울」과 「무진기행」으로 문학계를 평정했던 김
승옥, 그리고 『오세암』 『초승달과 밤배』 『그대 뒷모습』 등 마음을
울리는 동화로 한국 동화의 새로운 지평을 열었던 고故 정채봉. 두
작가는 아마도 유년 내내 순천만의 갈대 소리를 들으며 절대적
감성을 키워갔을 테다.

순천문학관은 보통 우리가 알고 있는 반듯한 건물의 문학관이 아
닌, 시골마을의 정취를 한껏 자아내는 토속적인 분위기의 문학관
으로, 마치 민속촌에 소풍 온 기분이 들게 한다. 널따란 마당 한
귀퉁이에는 장독대가 쌓여 있고, 맞은편에는 자그마한 맨드라미
꽃밭이 펼쳐져 있다. 문학 작품의 배경이 되는 어느 옛 마을 같다.
소설의 주인공이 된 듯, 동화 속을 산책하는 듯 순천문학관을 감
상하는 일. 순천만을 벗어나기 전 반드시 챙겨야 할 주요한 추억
거리이다.

알고 가면 더 좋다

순천시는 지역을 대표하는 문학인 김승옥과 고 정채봉의 문학 사상을 기리기 위해 2010년 10월 순천문학관을 세웠다. 문학관은 김승옥관, 정채봉관으로 나뉘는 전시관과 다목적실, 휴게동 등으로 구성되어 있다. 두 작가의 문학 생애를 소개하는 전시관에는 그들의 문학적 재능과 성과를 한눈에 살펴볼 수 있도록 육필원고를 비롯해 소장도서, 저서, 생활유품 등을 전시하고 있다.

순천문학관을 방문하기 전 김승옥과 정채봉 두 작가의 작품을 한 번쯤 읽어본다면 순천이 전하는 감성을 더욱 오롯이 느껴볼 수 있을 것이다. 특히 순천을 배경으로 가상의 안개 도시 '무진'을 그려낸 김승옥의 소설 「무진기행」은 순천을 방문하기 전 읽어야 할 필독서다. 「무진기행」은 1964년 출간한 이래 현재까지도 한국 문학 사상 최고의 단편소설로 평가를 받고 있기도 하다.

순천문학관의 울타리를 한 발짝만 벗어나면 작고 예쁜 정원이 펼쳐진다. '낭트정원'이라 불리는 이 정원은 프랑스를 대표하는 녹색 도시 낭트가 지난 2009년 순천시와의 국제우호협력사업을 기념하기 위해 조성한 공원으로, 매년 5월이면 낭트정원을 뒤덮는 장미가 관광객들의 발길을 사로잡는다.

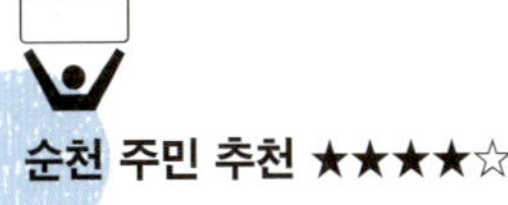

순천 주민 추천 ★★★★☆

"순천만에서 순천의 감성을 보고 들었다면 이제 김승옥, 정채봉 두 작가의 작품 속에서 순천의 감성을 읽어보세요."

- **주소** 순천시 무진길 130
- **입장시간** 9:00~19:00, 매주 월요일과 설날 및 추석 휴관
- **입장료** 없음
- **평균 소요시간** 1시간
- **문의** 061-749-4392

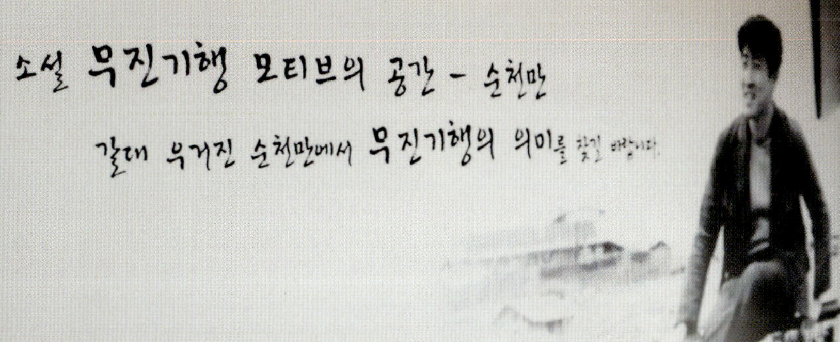

동화사

순천의 사찰하면 딱 떠오르는 곳은 선암사와 송광사 두 곳일 것이다. 하지만 여행자들에게 사찰이란, 나를 돌아보고 두 다리 쉬어가기 위한 공간으로 존재하는 것 아니던가. 가만히 홀로 마음을 기울일 곳이 필요하다면, 기왕이면 바람소리조차 잠잠할 정도로 산자락 깊숙이 푹 파묻힌 사찰을 찾아가보는 건 어떨까. 낮고 고요하며 소박한 절간 하나 내 오르는 산길 위에 놓여 있다면, 덜컹거리는 무릎 땅에 붙이고, 묵은 눈물도 한 번쯤 남몰래 쏟아낼 수 있을 것만 같다. 다행히 순천에는 이렇듯 온전한 쉼이 되어주는 사찰이 하나 있다. 별량면 대룡리 개운산 중턱에 자리한 동화사가 그러하다.

정류장에서 사찰로 오르는 2킬로미터의 산길부터가 고요하니 평화롭다. 빼곡한 나무숲을 흔드는 잔잔한 바람소리에 귀를 기울이고 있으면, 가쁜 호흡도 가지런하게 정돈된다. 사람이 붐비지 않고 워낙 조용한 터라 사색하고 산책하며 쉼을 얻어가기에는 이만한 사찰이 없다. 자그마한 마을 자리에 절이 앉은 듯 나지막하고 소박한 정경이지만, 묵직하면서도 담백한 기운이 느껴지는 곳이다. 특히 대웅전 앞에 우뚝하니 세워진 3층석탑은 동화사의 심장이 되어 사방으로 그 기운을 전하고 있다. 무뚝뚝하지만 속 깊은 친구를 만나 마음속 이야기를 터놓는 것처럼 동화사를 한 바퀴 돌아보며 아쉬움도 설움도 모두 비워볼 일이다.

알고 가면 더 좋다

경내에 들어서자마자 보물 제831호 동화사 3층석탑을 마주하게 된다. 언뜻 투박해 보이지만, 그 형식이 나름 잘 유지되고 있다. 특히 상륜부(불탑의 꼭대기 부분)는 노반(탑 제일 위층에 있는 네모난 지붕 모양) 위에 복발(노반 위에 그릇을 뒤집어놓은 것처럼 만든 장식)과 양화(상륜부에 있는 연꽃잎 장식), 보륜(탑 꼭대기에 있는 쇠나 구리로 만든 원반형 장식), 보개(보륜 위에 덮개 모양), 보주(탑 맨 꼭대기에 얹은 구슬 모양 장식) 등 모든 부분이 잘 보존되어 있는데, 이처럼 탑의 상륜부가 고스란히 남아 있는 경우는 드물다.

동화사 대웅전은 조선 후기 다포(기둥과 기둥 사이에 처마 무게를 받치기 위해 맞추어 댄 나무쪽) 양식을 잘 보여주는 건물이다. 정유재란 당시 소실된 것을 1601년 신총대사가 중건했다.

대웅전 뒤편에 수백 그루의 동백나무는 매년 3월이면 수만 꽃송이를 잔뜩 펼쳐 개운산을 붉게 밝힌다. 봄철 동백나무 군락 품에 포근히 안긴 동화사의 다소곳한 모습도 꽤나 인상적이다.

동화사에는 스님의 염불소리 말고는 딱히 다른 소리를 찾아볼 수가 없다. 방해되지 않도록 입을 닫고 조심조심 걷다보면 나도 모르게 짤막한 묵언수행을 얻게 된다.

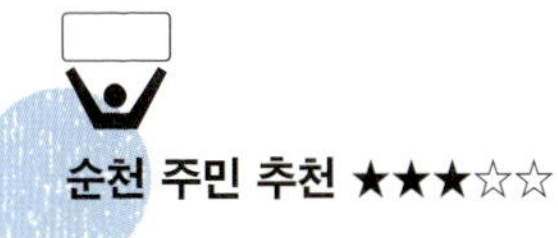

순천 주민 추천 ★★★☆☆

"개운산의 맑은 기운과 동화사의 나긋한 정감이 마음을 씻어줍니다. 산새들이나 가끔 찾아오는 이 조용한 절간에 들어오실 때에는 수다스러운 입은 꼭 닫으시고, 번뇌로 가득한 마음은 활짝 열어두세요."

- **주소** 순천시 별량면 동화사길 208
- **입장시간** 17:00 이후 입장 불가
- **입장료** 없음
- **평균 소요시간** 30분~1시간
- **문의** 061-743-9922

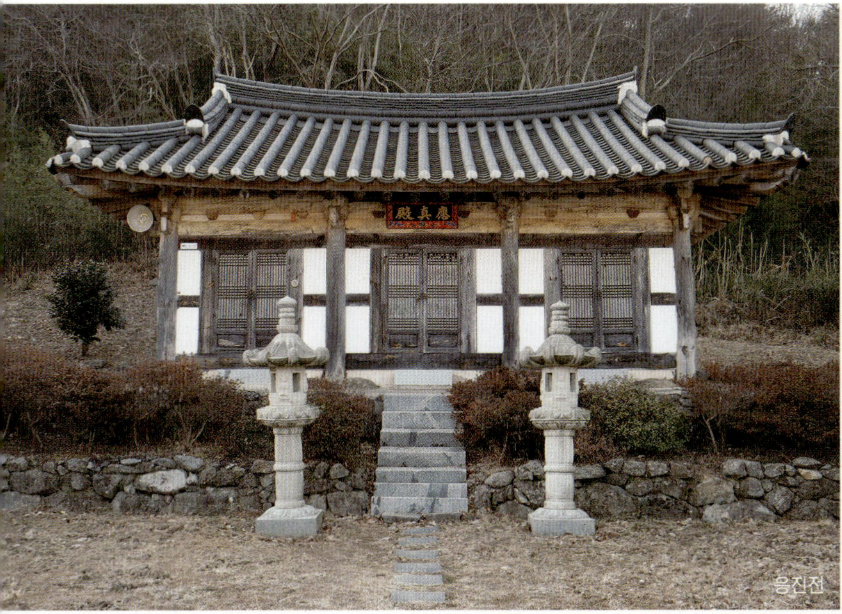

응진전

화포해변

순천을 한 권의 그림책으로 표현한다면, 화포해변은 그 표지를 장식하기에 조금도 부족함이 없을 것이다. 장대하게 펼쳐진 갯벌과 갯벌 위를 산책하는 철새들, 그리고 갯벌을 물들이는 주홍빛 노을까지 순천의 절대적인 풍경을 한방에 펼쳐 보이는 화포해변. 본래의 주소 지명은 별량면 학산리이나, 봄이면 마을 주변으로 개나리, 진달래 등 들꽃이 무성하게 피어난다는 이유로 '꽃피는 포구'라는 뜻의 '화포花浦'로 불리고 있다.

화포해변 곁 언덕에 50여 가구가 옹기종기 모여 있는 화포마을은 다 돌아보는 데 30분이 채 걸리지 않을 만큼 작은 마을이다. 기와지붕부터 초가지붕까지 정갈하게 얹어놓은 마을의 지붕들, 지붕과 지붕 사이로 피어오르는 밥 연기, 뒤엉켜 있는 좁은 골목들, 담벼락 앞에 모여 앉은 마을 주민의 수런거림, 포구에 앉아 그물을 깁는 사내들, 하루에 고작 몇 번 찾아오는 버스 등 세상 가장 느리고 착한 풍경들이 여기 다 모여 있다.

썰물로 잿빛 갯벌이 모습을 드러낼 즈음, 모든 풍경은 갯벌 안에 고요하게 정박한다. 기우뚱한 어선을 품고, 구불구불한 길을 품고, 느릿한 마을의 세월을 품은 화포해변은 모든 풍경의 포근한 둥지다. 노을이 달아오르는 저녁, 카메라를 든 여행자들이 하나둘 해변으로 모여든다. 산과 바다가 어우러진 리아스식 해안이 주홍빛으로 서서히 물들어가는 장면은 가장 선명한 추억이 되어준다.

알고 가면 더 좋다

화포해변 소망탑 앞에서는 매년 1월 1일 오전 5시부터 해맞이 행사가 펼쳐진다. 새해 소망풍선 날리기와 소망기원문 낭독, 풍물패 공연, 달집 점화, 소망 기원제 등이 열린다.

화포해변을 대표하는 어종인 짱뚱어는 5월에 많이 잡힌다. 화포해변에서 갓 잡아 올린 짱뚱어로 짱뚱어탕을 끓여내는 식당이 화포 인근에 여럿 있다. 화포의 풍경 앞에 발끝을 맡겼다면, 신선한 짱뚱어탕에 혀끝을 맡겨보자.

화포해변을 더욱 널찍하게 느껴보고 싶다면 조금 힘들더라도 봉화산 언덕으로 올라보자. 화포마을 뒤편에 있는 봉화산(235.9m)에 오르면 순천만의 경관을 한눈에 감상할 수 있다. 바람 솔솔 불어주는 봄철이라면, 쉬엄쉬엄 오를 만할 것이다.

화포마을에는 슈퍼마켓이 없다. 작은 구멍가게조차 없으니, 간단한 간식 정도는 미리 챙겨두는 것이 좋다. 진하디진한 풍경 앞에 느긋이 여유를 부리고 싶다면, 커피와 비스킷쯤은 미리 준비해자.

화포해변의 해돋이와 해넘이는 그 장관 덕분에 지난 2012년 한국관광공사의 '1월의 가볼 만한 곳'으로 선정된 바 있다.

"아침이든 대낮이든 저녁이든 한밤이든 화포해변은 그 나름의 운치가 있죠. 방파제를 따라 갯벌 가운데로 걸어가보세요. 앞쪽으로는 순천만이, 뒤편으로는 화포마을이 풍경을 꽉 채워줍니다."

- **주소** 순천시 별량면 학산해안길
- **입장시간** 24시간 언제든 가능
  (일몰과 일출 시각 방문 추천)
- **입장료** 없음
- **평균 소요시간** 머무르는 만큼

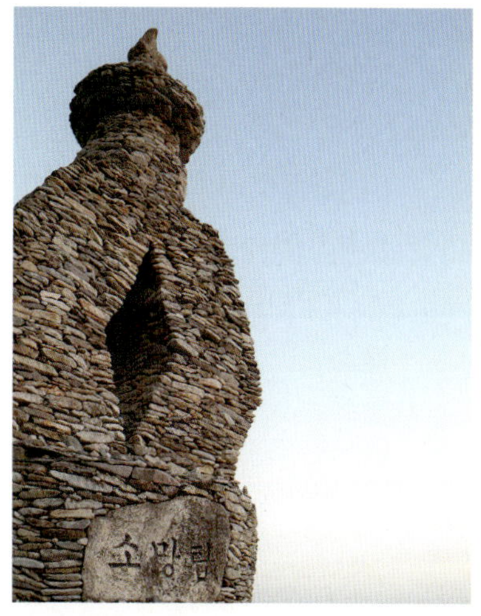

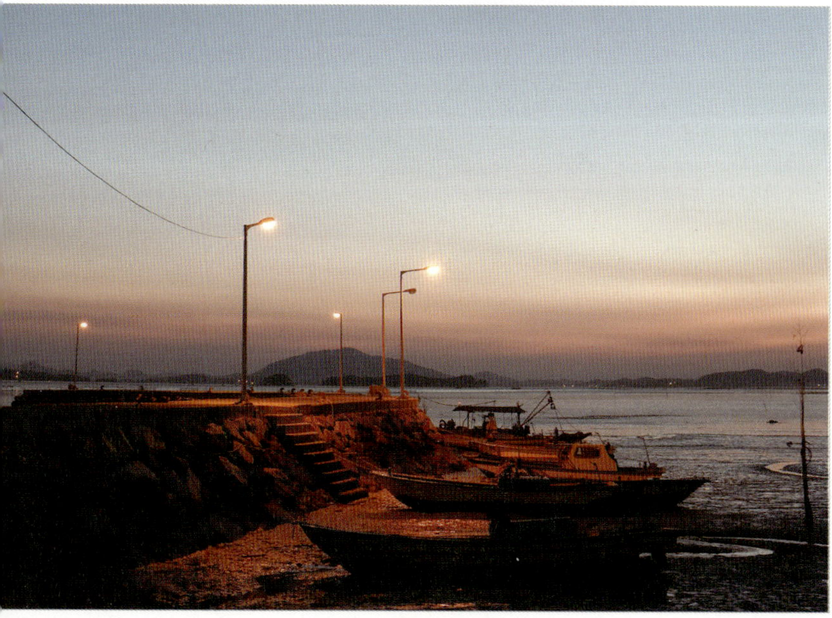

순천만 풍경의 집결지

용산전망대

드넓은 순천만 갈대밭을 포함해 순천만 일대를 한눈에 내려다보고 싶다면 용산전망대에 오르자. 용이 승천하려다 순천만의 아름다움에 반해 엎드려 앉았다 하여 '용산'이라 이름을 붙였다. 순천만자연생태공원에 입장한 후 대대포구를 거쳐 갈대밭 사이로 난 데크길을 1킬로미터 정도 지나면 용산전망대로 오르는 산길이 보인다. 거기서 다시 1킬로미터 정도를 올라야 한다. 멀리서 보면 야트막한 동산이지만, 만만하게 볼 수준은 아니니 반드시 운동화나 트레킹화를 신고 올라야 한다. 전망대에 다다르기까지 적잖이

걸어 올라야 하지만, 가벼운 등산을 한다는 생각으로 동행하는 친구, 연인과 수다 좀 떨며 오르다보면 어느덧 '금세' 도착이다.

용산전망대는 순천만의 전경을 감상하는 사람들로 사계절 내내 들끓는다. 특히 와온해변이 만들어낸 'S라인'을 가장 선명하게 바라볼 수 있는 곳으로 유명하다. 해가 저물 무렵이면 산길을 오르는 사람들의 발길이 갑자기 빨라진다. 단 몇 분 차이로, S라인을 뒤덮는 저녁노을의 절경을 놓칠 수도 있기 때문. 완만한 곡선의 물줄기를 따라 붉게 일렁거리는 태양의 그림자를 바라보는 일은 순천만 여행의 하이라이트가 되어줄 것이다. 마치 바다를 향해 걸어놓은 거대한 액자를 바라보듯 시야를 꽉 채우는 풍경에 집중하고 있노라면, 숨죽였던 감동이 풍선처럼 서서히 부풀어오른다.

문의 순천만자연생태공원 061-749-4007

노을이 진다, 천국이 내린다

와온해변

순천만의 서쪽에 별량면 화포해변이 있다면, 동쪽에는 해룡면 와온해변이 있다. 와온해변은 화포해변과 함께 순천만을 대표하는 절경으로 손꼽힌다. 뒷산이 마치 소가 누워 있는 형상을 똑 닮아 '와온臥溫'이라는 이름이 붙었다. 와온해변에서 썰물로 인해 드넓은 개펄이 드러나면, 마치 소가 혓바닥으로 길게 핥아 놓은 듯 구불구불한 'S라인' 물길이 모습을 드러낸다. 순천만의 상징이나 다름없는 S라인이 바로 이 와온해변에 자리하고 있는 것이다.

무엇보다 노을에 물드는 S라인의 풍경은 사시사철 구경꾼들을 불

러 모은다. 주홍빛을 넘어 황금빛으로 타오르는 와온의 노을은 시간이 깊어질수록 하늘, 바다, 갯벌 세 군데로 나뉜다. 나희덕 시인도 와온의 해를 "하나이면서 셋, 셋이면서 하나"라고 표현했다. 해변 옆에 조성된 와온공원에서 넋을 놓고 앉아 층층이 타오르는 황금빛 낙조를 즐기고 있노라면, 이곳이 아마도 천국이지 싶다.

● **위치** 순천시 해룡면 와온길 133
순천역에서 시내버스 97번, 98번 버스(와온 하차)

들마루

순천에서 순천만의 별미 짱뚱어
탕을 먹어보지 못했다면 순천을
다 둘러본 게 아니다. 순천 어디를
가도 메뉴판 한 자리를 떡하니 차
지하고 있는 것이 바로 짱뚱어탕.
특히 최상급 짱뚱어만을 선별해
맛의 신선도를 보장하는 들마루
는 관광객들의 필수 맛집 코스다.
그 깔끔한 감칠맛은 국내 관광객
은 물론 일본, 중국 관광객들 사이
에서도 소문이 자자하다.

- **가는 길** 순천만자연생태공원 건너편
- **주소** 순천시 순천만길 496
- **문의** 061-741-5233
- **휴일** 연중무휴

순천만일번가

순천만에서 가장 인기 있는 꼬막 정식집이다. 이미 매스컴을 통해서도 여러 차례 소개가 되었을 만큼 그 맛 또한 보장한다. 꼬막탕, 통꼬막, 양념꼬막, 꼬막회무침, 꼬막찜, 꼬막전, 탕수꼬막 등 반찬은 온통 꼬막 일색. 정식과 함께 서비스로 나오는 낙지호롱도 별미다. 김가루 뿌려진 쌀밥 위에 꼬막회무침을 얹어 쓱쓱 비벼 먹는 그 맛은 무조건 별점 다섯 개다.

- **가는 길** 순천만자연생태공원 주차장 인근
- **주소** 순천시 순천만길 520
- **문의** 061-745-2100
- **휴일** 연중무휴

강변장어

카페처럼 깔끔한 실내 분위기와 아늑한 조명까지 여기가 장어구이집이 맞나 싶다. 분위기만큼이나 정갈한 반찬들도 수준급이다. 맛깔나게 구워진 장어 접시를 중심으로 꼬막, 조개탕, 문어숙회, 나물류 등 20여 가지의 신선한 반찬이 테이블을 채운다. 무엇보다도 전북 고창에서 공수해온 A++급의 장어 맛은 모든 손님이 당황할 정도. 양념을 강하게 하지 않아 장어 맛이 살아 있다. 서너 번만 씹어도 사르르 녹아버리는 고소한 그 맛에 '한 마리 더!'라는 소리가 절로 터져나올 지경이다.

- **가는 길** 순천만자연생태공원 건너편 길목
- **주소** 순천시 순천만길 436
- **문의** 061-742-4233
- **휴일** 연중무휴

싸목싸목해파랑

"순천에는 한정식집이 너무 많아!" 하고 고민하는 중이라면, 믿고 먹는 남도한정식 전문점 싸목싸목해파랑을 찾아가자. 싸목싸목해파랑은 순천시의 대표음식 공동브랜드로 2011년에 문을 열었다. 싸목싸목이란 '천천히'의 전라도 방언으로 슬로푸드를 지향한다. 향토음식 명인들이 보유한 70여 가지의 향토음식 조리법을 표준화해 이를 바탕으로 메뉴를 선보이고 있으며, 지역을 대표하는 향토음식점답게 지역 특산품을 전시하고 판매하는 공간을 비롯해 작은 실내정원까지 갖추고 있다. 건강하고 푸짐한 전라도의 밥상이 그립다면 싸목싸목해파랑으로 싸목싸목 가보자.

- **가는 길** 팔마대교에서 팔마종합운동장 방면 길목
- **주소** 순천시 하풍동길 21
- **문의** 061-742-3939
- **휴일** 연중무휴

도솔갤러리

순천만이 한눈에 내려다보이는 대대동의 언덕배기에 자리하고 있다. 1층은 미술품 전시장으로 2층은 커피, 차, 하우스 와인을 마실 수 있는 카페로 운영한다. 순천만을 대표할 문화공간으로서 조각가 정일균 관장이 직접 설계해 2008년 문을 열었다. 순천시의 예술가들에게 저렴한 비용으로 전시공간을 대여해주며, 3주 단위로 전시가 교체된다. 커다란 창문 너머의 아름다운 풍경이 카페의 운치를 더해준다. 또 정일균 관장이 30여 년 세월 동안 직접 수집한 고미술품은 예술문화공간으로서 세워진 도솔갤러리의 정체성을 공고히 만든다. 철새가 비행하는 풍경과 그윽한 커피 향기, 그리고 가슴을 사로잡는 예술 작품까지 감성은 쉴 틈 없이 자극받는다.

- **가는 길** 순천만자연생태공원 입구 맞은편 언덕
- **주소** 순천시 순천만길 684
- **문의** 061-751-0011
- **휴일** 연중무휴

가배두림

구멍가게 하나 없는 자그마한 화포해변에 예쁜 카페가 하나 있다. 남몰래 숨겨둔 별장처럼 그 외관부터가 오롯하니 아름다운 이곳은 국내 최초 핸드드립 커피 프랜차이즈 '가배두림' 카페이다. 아무래도 핸드드립 커피 전문점이다보니 커피 맛이 좋은 건 기본. 창밖으로 긴 화폭처럼 둘러진 평화롭고 고요한 화포해변이 커피 맛을 배가시켜준다.

- **가는 길** 화포정류장에서 금전 방면으로 도로를 따라 5분
- **주소** 순천시 별량면 일출길 354
- **문의** 061-746-5655
- **휴일** 연중무휴

비체

늘어지게 게으름을 피워도 좋을 만큼 아늑한 곳. 이른 오후 테라스에 앉아 반짝이는 와온의 갯벌을 바라보고 있으면 마음의 골목까지 환해지는 듯하다. 실내에는 만화책이 잔뜩 비치되어 있고 직접 만든 컵케이크와 쿠키가 있어 더욱 달콤한 휴식을 맛볼 수 있다. 펜션을 함께 운영 중이니, 달빛 내린 와온해변 곁에 하룻밤 잠들어보는 것도 좋겠다.

- **가는 길** 상내리 쉼터가든에서 용화사 가는 길목
- **주소** 순천시 해룡면 와온길 242
- **문의** 061-721-3313
- **휴일** 연중무휴

순천만빌리지펜션

순천만자연생태공원 입구 인근에 있어 순천만을 여행하는 이들에게 적격이다. 깔끔한 외관과 인테리어, 그리고 순천만 방향으로 넓게 트여 있는 테라스까지 단연 순천만 최고의 숙소

라고 자부할 수 있다. 편안하고 느긋한 쉼도 좋지만, 자연과 가까운 곳에서 더욱 신선한 여행을 즐기고 싶다면, 순천만빌리지펜션의 캠핑카에서 하루쯤 묵어보는 것도 좋겠다. 늦가을부터는 펜션에 앉아 흑두루미 등 순천만 철새의 군무를 구경하는 특혜도 누릴 수 있다. 깊은 밤 테라스에 앉아 순천만의 청정 자연이 선사하는 별빛 무리를 바라보며 소중한 추억을 가슴에 새겨보는 건 어떨까.

- **가는 길** 순천만자연생태공원 입구에서 150미터
- **주소** 순천시 순천만길 350
- **예약 및 문의** 061-743-0500, www.빌리지펜션.com

순천만무진게스트하우스

한국단편문학사 최고의 걸작 김
승옥의 소설 「무진기행」에서 이
름을 따왔다. 게스트하우스형 숙
소와 펜션형 숙소를 두루 갖추고
있다. 게다가 숙박동 옆으로 넓은
오토캠핑장과 캠핑장이 펼쳐져
있어 텐트를 짊어진 캠핑족이 머
물기에도 안성맞춤이다.

● **가는 길** 순천만자연생태공원 입구 건너편, 걸어서 5분 거리에 위치
● **주소** 순천시 순천만길 560
● **예약 및 문의** 061-746-6677, www.moozin.co.kr

순천만하루애펜션

초록 잔디, 시원한 분수와 연못, 그리고 정자까지 예쁜 정원으로 꾸며진 순천만하루애펜션에서는 사계절의 변화무쌍함을 그대로 즐길 수 있다. 또한, 원룸형 스파 객실을 보유하고 있어 긴 여정으로 지친 여행자의 피로를 말끔히 풀어준다. 특히, 봄철마다 흐드러진 철쭉이 정원을 아름답고 풍성하게 장식한다. 주인장의 모친이 운영하는 펜션 식당 '향미정'에서는 남도의 진한 맛과 따뜻한 정성을 누릴 수 있다.

● **가는 길** 순천만자연생태공원 입구에서 교량교 방면으로 5분
● **주소** 순천시 동너리길 14
● **예약 및 문의** 061-746-3885, www.haruepension.com

아띠게스트하우스

여성 전용 게스트하우스인 만큼 모든 객실이 화사하고 깔끔하게 꾸며져 있다. 여성 여행자의 취향을 고려한 파우더룸과 예쁜 주방은 탐이 날 정도다. 마을이 내려다보이는 아담한 다락방에서는 삼삼오오 모여 간단한 간식 파티를 즐길 수도 있다. 순천만자연생태공원 인근 숙박 단지와는 두 개 정류장 정도 떨어진 곳에 자리하고 있어, 조용한 숙소를 원하는 여행자에게 적격.

● **가는 길** 순천만 수동버스정류장 맞은편 마을길을 따라 도보 5분
● **주소** 순천시 수동길 92
● **예약 및 문의** 010-8607-8306, www.아띠게스트하우스.kr

순천만일출펜션

순천만을 한눈에 내려다볼 수 있는 언덕에 자리하고 있어 순천만의 일출과 일몰을 모두 감상할 수 있다. 황금빛으로 물드는 순천만을 따뜻한 방에 앉아 여유롭게 내려다보는 그 기분을 어디에 비할까. 번잡한 숙박 단지가 아닌 호젓한 화포마을 인근이라 조용한 분위기 속에서 깊은 휴식을 취하기에도 좋다.

- **가는 길** 화포마을에서 장산마을 방향으로 도보로 10분
- **주소** 순천시 별량면 일출길 264-1
- **예약 및 문의** 010-3944-0420, www.ilchulpension.com

일몰한옥펜션

2013년 한국관광공사로부터 한옥 스테이 인증을 받은 전통 한옥 펜션으로 전라남도에서는 유일한 'ㄷ'자 구조의 한옥이다. 집 안 어디서든 문만 열면 바다를 볼 수 있고, 마당 중앙에 자리한 장독대의 운치와 따끈한 온돌의 기운은 전통의 정취를 더해준다. 또한, 언덕에 위치해 있어 해변과 마을을 아우르는 너른 경치를 즐길 수 있다는 이점이 있다. 특히 와온이 일몰 명소인 만큼 마당에서 바라보는 황금빛 해넘이는 압권이다. 겨울에는 장작으로 불을 때워 난방을 해 투숙객은 장작패기도 체험할 수 있다.

가는 길 와온선창정류장 언덕
순천역, 순천종합버스터미널에서 97번, 98번 버스 이용
주소 순천시 해룡면 와온1길 45
예약 및 문의 010-9165-4929, www.일몰한옥펜션.kr

갯벌에서 별빛까지 순천만 탐험

순천만 자연생태관과 천문대

순천만자연생태공원은 순천만의 환경을 더욱 자세히 알고 이해할 수 있도록 자연생태관과 천문대 시설을 갖추고 있다. 자연생태관에서는 순천만 구석구석에 설치한 CCTV로 순천만의 비밀스러운 생태를 엿볼 수 있고, 갯벌의 생성 과정과 갯벌 생물, 철새들에 관한 이야기를 다양한 전시와 영상을 통해 관람할 수 있다.

자연생태관 바로 옆에는 순천만의 자연과 밤하늘을 관찰할 수 있는 천문대가 있다. 천문대는 보통의 천문대와 달리 평야지대에 건립된 것이 특징이다. 깨끗한 공기 덕분에 별을 관측하는 데도 별 문제가 없다. 순천의 도심과 20분 거리이니, 별을 보고 싶을 때면 하루 전 예약하고 가벼운 마음으로 찾아갈 수 있겠다. 천체관측은 물론 흑두루미, 청둥오리 등 순천만의 다양한 조류 관찰이 가능하다. 대표적인 천체관측 체험 프로그램인 '별빛'을 연중 내내 운영하고 있다.

천체관측 체험 '별빛' 참여하기

- **주소** 순천시 순천만길 513-25
- **비용** 2000원 (자연생태관 관람료로 동시 이용)
- **기간** 연중(1~4월 · 9~12월 3회, 5~8월 2회)
- **시간** 계절별로 탄력적 운영
  겨울은 19:00부터, 봄 · 가을은 20:00부터, 여름은 20:30부터
- **접수시간** 관측 하루 전까지
- **접수방법** 순천시 통합예약시스템에서 온라인예약 '순천만천문대체험'
  http://yeyak.suncheon.go.kr/yeyak
- **문의** 자연생태관 061-749-4007, 천문대 061-749-3311

거차뻘배체험장

순천만의 아름다운 풍경에 마음을 빼앗겼다면, 이제 몸을 던져 순천만을 즐겨보자. 서울에 롯데월드가 있다면, 순천만에는 거차뻘배체험장이 있다. 거차뻘배체험장은 순천만의 곱디고운 갯벌 위를 마음껏 뒹굴며 순천만을 온몸으로 느껴보거나 뻘배를 타고 갯벌을 누비며 순천만에 서식하는 짱뚱어, 칠게, 꼬막 등을 직접 잡아볼 수 있는 곳이다.

뻘배는 갯벌에서 쉽게 이동하기 위해 나무로 만든 작은 배로, 마을 주민들은 이 뻘배를 타고 갯벌 생물을 채취한다. 뻘배에 몸을

맡긴 채, 발이 푹푹 빠지는 갯벌을 달리는 기분은 지금껏 느껴보지 못한 색다른 즐거움을 안겨준다. 숨바꼭질하듯 사방으로 순식간에 몸을 숨기는 짱뚱어와 칠게를 쫓아 갯벌 여기저기로 몸을 던지다보면, 묵은 스트레스 해소는 물론 건강한 웃음을 되찾을 수 있을 것이다. 순천만을 더욱 확실하게 즐기고 싶다면 거차뻘배체험장을 찾아 짱뚱어, 칠게와 함께 놀아보자.

거차뻘배체험 참여하기

- **주소** 순천시 별량면 거차길 130
- **비용** 1만 원
- **기간** 5~10월
- **시간** 10:00~18:00(물때에 따라 탄력적으로 운영)
- **준비물** 스타킹이나 긴 양말, 긴팔 티셔츠 및 반바지, 여벌 옷, 모자, 세면도구
- **문의** 061-742-8837, http://geocha.co.kr

길목마다 숨은 풍경 찾는 순천

길목마다 숨은 풍경 찾는 시내 코스
동천
걸어서 30분
죽도봉공원
버스로 25분
순천향교
걸어서 15분
문화의 거리
버스로 20분

오음림
순천대학교
아뜰리에레지던스하우스
광주지방법원 순천지원
인비토
조례호수공원
원조동경낙지
와일드허니파이
양지쌈밥
웃장
성일식당
순천오픈세트장
문화의 거리
순광식당
파팔리나
가로수길
카페브릭
순천향교
죽도봉공원
다이앤페코
쉼표
동천
은행나무게스트하우스
카페312
순천하루게스트하우스
화월당
장대콩국수
보릿고개
옛날손만두
순천시청
364days
순천역
투어게스트하우스
상사동
상사면사무소
순천종합버스터미널
발리모텔
쌍암추어탕
연우당
구억식당
팔마대교
순천팔마 종합운동장
남제골벽화마을
아랫장
자리게스트하우스
베네치아호텔
순천만정원
동천
주요 장소
식당
카페
숙소
여기도 한번
주요 시설

걷기 난이도 ★☆☆☆☆

전혀 힘들지 않다.

언제 가면 좋을까

사계절 모두. 봄이면 동백꽃에 물든 죽도봉공원에 오르고, 여름이면 동천과 호수공원을 산책하기 그만이다. 가을에는 노랗게 물든 은행잎이 흩날리는 문화의 거리가 좋고, 겨울은 따끈한 돼지국밥과 팥죽을 먹기에 알맞다. 언제 가도 멋지고 맛있는 여행이 되어줄 테니, 주저하지 말고 출발하자.

본격적인 여행에 앞서

1. 무인 공영 자전거 '온누리'를 대여해 시내 여행을 즐겨보자. 순천역, 순천종합버스터미널, 순천시청, 동천, 순천의료원 등 순천 시내 곳곳에 온누리 자전거를 대여할 수 있는 터미널이 설치되어 있다. 순천 시민의 근거리 교통수단으로 인기를 끌고 있는 온누리 자전거는 순천 시민이 아니더라도 휴대폰 인증으로 대여할 수 있으며, 1000원에 3시간 동안 사용할 수 있다.

2. 신시가지 쪽에 신축 모텔, 관광호텔 등 깨끗한 숙박시설이 많이 몰려 있다. 하지만 순천역을 중심으로 하는 구시가지 쪽에도 깔끔한 게스트하우스가 여러 군데 있으니, 원하는 숙소를 구하지 못할까봐 앞서 걱정할 필요는 없다.

3. 시내의 웬만한 버스는 순천역과 순천종합버스터미널을 경유한다. 어디를 가더라도 이 두 지점을 출발점으로 삼으면 시내 여행을 하는 데 문제 없다. 여행지 사이가 걸어다닐 만한 거리는 아니니, 버스와 도보를 적절히 혼용하기를 권한다.

★ **합리적인 시내권 투어를 원한다면 일일 시티투어버스를.** 시티투어 버스는 오전 9시 30분 팔마체육관을 출발해 오후 5시 30분경 다시 팔 마체육관으로 돌아온다. 순천역, 순천오픈세트장, 상사댐, 문화의 거 리, 순천만 등을 돌아볼 수 있으며, 필히 사전 예약을 해야 이용할 수 있다.

★ **죽도봉에 오르자.** 죽도봉공원에 오를 때는 청춘데크길로 걸어볼 것 을 권한다. 대나무 숲과 바람이 만들어내는 속 시원한 울림이 있고, 나 무 사이로 솟아나는 순천 시내의 가지런한 풍경이 있다.

★ **곱창골목에서 소주 한잔.** 오후 즈음 문화의 거리를 방문했다면, 저 녁은 인근 곱창골목에서 곱창에 소주 한잔 어떨까. 공연과 전시로 들 뜬 마음을 고소한 곱창과 시원한 소주로 더 들뜨게 만들어보자.

★ **오일장의 재미를 비교해보자.** 순천의 대표 오일장 아랫장과 웃장에 들러 두 장터의 재미를 비교해보자. 특히 아랫장의 팥죽과 웃장의 돼 지머리국밥은 꼭 한번 먹어볼 것을 권한다. 남달리 뛰어난 맛은 아니 지만, 두 장터를 대표하는 음식이니 만큼 그 분위기에 취해 맛있게 비 울 수 있을 테다.

★ **상사호 드라이브를.** 호수와 능선이 만들어낸 풍경이 신비롭다. 한 나절쯤은 따로 시간을 내 차를 몰고 천천히 호수를 둘러보는 것도 좋 겠다.

남제골벽화마을

순천만정원

상사호

동천

어느 도시를 가나 도시의 젖줄이 되어주는 강이나 하천이 있기 마련이다. 한강이 서울 시민들에게 생활수를 공급하고, 두 다리 뻗고 누울 수 있는 초록 잔디와 들꽃을 펼쳐놓는 것처럼 순천의 동천 역시 순천 시민의 고마운 쉼터로서 존재한다. 순천시 서면 청소리의 송치봉에서 발원한 순천의 대표 젖줄 동천은 하류에서 이사천과 합해져 순천만으로 빠져나가는 총 길이 27.8킬로미터인 생명의 하천이다. 순천만까지 이어지는 12킬로미터의 자전거도로와 산책로, 수변공원은 마치 자를 대고 그은 것처럼 엇나감 없이 반듯하게 도심의 풍경을 가로지른다.

산책로와 나란한 자전거도로는 속 시원히 달음질하기에 부족함이 없다. 지압 보도와 체력 단련 기구 등의 운동시설도 충분하고 벤치, 징검다리, 분수, 조형물 등 쉴거리 볼거리도 동천 주변으로 심심치 않게 등장한다. 또, 지루해질 시점에는 벽화를 그려넣어 풍경에 재미를 더했다. 메밀꽃, 유채꽃, 해바라기, 맨드라미, 들국화 등 계절마다 피어나는 꽃은 산책로에 향기를 입혀준다. 바람과 햇살을 머금은 동천의 여유로움이 사계절 내내 평안을 전한다.

동천을 따라 펼쳐지는 그 깨끗하면서도 자유로운 분위기는 곧 순천 고유의 분위기로 각인된다. 순천을 잠시라도 먼저 느끼고 싶다면 동천을 걸어보자. 거기 순천의 색깔이 있고, 순천의 얼굴이 있으며, 순천의 마음이 있다.

알고 가면 더 좋다

 20종이 넘는 어류가 서식하며, 이 사천과 만나는 대대포구에서부터는 광활한 갈대 군락이 펼쳐진다. 2004년부터 친환경·자연형 하천으로 개선사업을 진행, 깨끗한 자연 쉼터로서 천변 공원을 조성했다. 이와 함께 수질정화사업과 어류 방류 등을 통해 하천의 생태환경을 복원하는 데도 힘을 쏟았다. 실제로 작은 쓰레기 조각 하나 볼 수 없을 만큼 시민들이 동천을 깨끗하게 관리하고 있다.

어둑한 저녁에는 수면 위로 튀어오르는 물고기의 '비행'도 심심찮게 구경할 수 있다. 늦은 저녁 동천을 산책할 때는 물고기가 선보이는 공짜 쇼를 놓치지 말자.

동천변에는 온누리 자전거 터미널이 설치되어 있으니, 자전거를 타고 동천을 달려보는 것은 어떨까. 잔디밭이 길게 뻗어 있어 돗자리 갈고 게으름을 피우기에도 좋은 곳이다.

동천 인근에는 함께 방문할 만한 공원도 여럿 있다. 순천시의 대표 축제인 하늘빛축제가 열리는 장대공원과 순천시 전경을 내려다볼 수 있는 죽도봉공원이 대표적이다. 동천 산책과 연계해 한 번씩 방문해볼 것을 권한다.

순천 주민 추천 ★★★★☆

"순천은 예로부터 삼산이수(三山二水)의 고장이라 했습니다. 삼산이란 인제산, 봉화산, 황산을 말하고, 이수란 바로 동천과 옥천을 가리키는 것이죠. 즉, 동천은 순천을 상징하는 대표적인 하천이에요. 순천 시민의 정서와 마음이 담긴 선하고 아름다운 하천입니다."

- **주소** 순천시 강변로
- **입장시간** 언제든
- **입장료** 없음
- **평균 소요시간** 머무르는 만큼

죽도봉공원

'산에 가야 범을 잡고 물에 가야 물고기를 잡는다'는 속담이 있다. 원하는 바를 이루기 위해서는 적극적으로 움직여야 성과를 이룰 수 있다는 뜻으로, 여행자 역시 좋은 풍경을 마주하기 위해서는 산으로 가든 물로 가든 발품을 적잖이 팔아야 할 것이다.

만약 순천 시내를 한눈에 조망하고 싶다면, 반드시 죽도봉공원에 오르자. 허벅지의 근육통을 조금만 참고 언덕을 오르면 시야를 가득 채우는 순천 시내를 조망할 수 있다. 동천을 따라 길게 늘어진 산책로와 심심찮게 솟아 있는 빌딩, 그리고 느릿한 뭉게구름의 속 시원한 조화가 가슴에 청량감을 안겨준다.

죽도봉이라는 지명은 산죽山竹과 동백이 울창하고 봉우리 모양이 바다에 떠 있는 섬과 같다는 데서 유래한다. 1975년부터 공원 조성 작업을 시작해, 1981년에는 한 재일교포의 성금으로 3층 전망대 '강남정'을 세웠다. 죽도봉공원은 시내 전경이 한눈에 펼쳐지는 명당이기도 하지만, 공원 안에 볼거리도 많아 잠깐의 여행지로 머물기에도 충분하다. 고려 때 지은 2층 누각 연자루를 비롯해 팔마탑과 현충탑, 활터, 우석 김종익 선생과 강계중 선생 동상이 있다. 특히, 동천에서 장대공원, 죽도봉공원으로 이어지는 청춘데크길은 대나무 숲과 동백 숲이 우거진 아름다운 산책로로 인정을 받고 있다. 기왕 순천 여행을 시작했다면, 한 번쯤은 꼭대기에 올라 탁 트인 순천 시내를 두 눈에 담아봐야 하지 않을까.

알고 가면 더 좋다

3층으로 구성된 전망대 강남정은 저녁마다 야간 조명으로 아름답게 몸을 빛낸다. 1층에는 카페가 마련되어 있어 늦은 저녁 데이트 코스로도 주목을 받고 있다. 전망대에 올라 별이 내린 듯 반짝거리는 순천 시내의 야경을 바라보는 기쁨 또한 빼놓지 말자.

강남정 앞에는 느린 우체통이 설치되어 있다. 오늘 쓴 편지를 1년 후에 배달해주는 우체통으로, 원한다면 카페에 앉아 한 장의 낭만을 써내려보는 것도 좋겠다.

따로 마실 물을 준비하지 않았다면 용두샘으로 가자. 연자루 바로 앞 1년 내내 샘솟는 시원한 용두샘에서 갈증을 잊을 수 있다.

죽도봉공원 팔마탑 아래 자연환경해설가협회 건물이 있다. 죽도봉공원의 자연과 문화를 해설해주는 안내 서비스를 제공한다. 죽도봉공원을 조금 더 자세히 알고 싶다면 주저하지 말고 해설을 신청해보자.

우석 김종익 선생 동상 옆으로 난 산책로를 따라가면 죽도봉공원 뒤편의 봉화산(355m) 정상에 오를 수 있다.

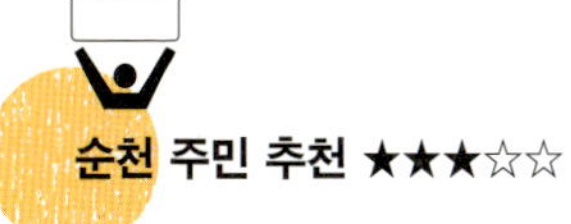

순천 주민 추천 ★★★☆☆

"뭔가 굉장한 볼거리가 있는 공원은 아니지만, 순천의 시가지 전망과 야경을 즐기기에는 이만한 곳이 없죠. 전망대에는 카페도 있으니, 잠시 쉬어가며 여행을 계획해보는 것도 좋겠네요."

- **주소** 순천시 죽도봉길 83
- **입장시간** 언제든
- **입장료** 없음
- **평균 소요시간** 2시간
- **문의** 061-749-3209

순천향교

순천시 금곡동의 골목을 탐험하다보면 놀라운 보물을 발견할 수 있다. 콘크리트 담벼락 너머에 고풍스러운 건물이 불쑥 등장하는데, 무언가 하니 조선시대 순천 교육의 메카 순천향교다. 순천향교는 향교 초기의 12목 중 하나로, 고려 성종 6년에 설립되어 여러 차례 옮겨 다니다가 1801년 현재 위치에 자리를 잡았다.

순천향교 역시 다른 향교와 마찬가지로 교육 공간인 명륜당과 제사 공간인 대성전으로 구분한다. 대성전 양편으로는 동무와 서무, 명륜당 양편으로는 동재와 서재가 있다. 이 외에도 휴식 공간인 풍화루, 관리 공간인 고직사, 문서고 · 제기고 등의 건물이 구성되어 있다. 옛 학생들이 공부하던 명륜당에서는 지금의 초 · 중 · 고등학교 학생들이 인성 교육을 비롯해 한문, 예절 수업을 받고 있으며, 선비교육과 회의, 행사 장소로도 활용한다. 대성전에서는 훌륭한 유학자의 위패를 모셔 봄가을에 제사를 올리고, 매월 1일과 15일 두 차례 분향을 올린다.

사실 교과서 사이에 만화책을 끼워놓고, 1교시 후에 도시락을 까먹던 우리에게 향교는 흥미로운 여행지가 될 수는 없을 테다. 그렇다 한들, 골목 사이로 솟아 있는 이 멋들어진 옛 학교를 어찌 지나칠 수 있겠나. 여기서 수업을 받을 것도, 시험을 볼 것도 아니니, 잠시 책 한 권 들고 기웃거려보는 것도 좋겠다.

알고 가면 더 좋다

순천향교에서는 문묘석전제례, 서예나 시조 교육, 전통혼례, 다례 실습, 예절 교육 등 직접 보고 느끼고 배울 만한 프로그램을 운영한다. 고리타분한 관광지가 아닌 다채로운 교육 공간으로서 이해하고 방문하면 더욱 흥미롭게 즐길 수 있을 것이다. 다만 대성전은 특정 행사 때를 제외하고는 따로 개방하지 않는다.

1407년에 순천성 동쪽 2.8킬로미터 지점에 창건한 이래 다섯 번이나 이전한 후 현재의 위치에 자리를 잡았다. 이전 주원인은 옥천 범람으로 인한 수해 때문으로 추측하고 있다. 이런 열악한 지리적 여건을 극복하고 순천향교는 남원향교와 함께 전라좌도 지역 최대 규모의 향교로 발전했다.

순천향교는 골목 깊숙이에 있다. 가장 가까운 정류장이 중앙시장 정류장이며, 중앙시장 정류장에서 도보로 10분 정도 걸린다.

명륜당 왼쪽으로 수령이 150년 정도 된 커다란 은행나무가 있다. 가을이면 무성한 노란 잎이 한들거리며 쏟아지는 아름다운 장면을 목격할 수 있다.

도보로 5분 거리에 옥천서원이 있으니 함께 방문해보자.

"전교(향교의 최고 책임자) 어르신을 마주치면 예를 갖춰 인사를 드리세요. 혹시라도 껄렁한 모습을 보이면 대뜸 혼부터 내실 수 있지만, 예를 갖추면 덕담이라도 한마디 얻어갈 수 있을 겁니다."

- **주소** 전라남도 순천시 향교길 60
- **입장시간** 9:00~18:00
- **입장료** 없음
- **평균 소요시간** 1시간
- **문의** 061-752-3479

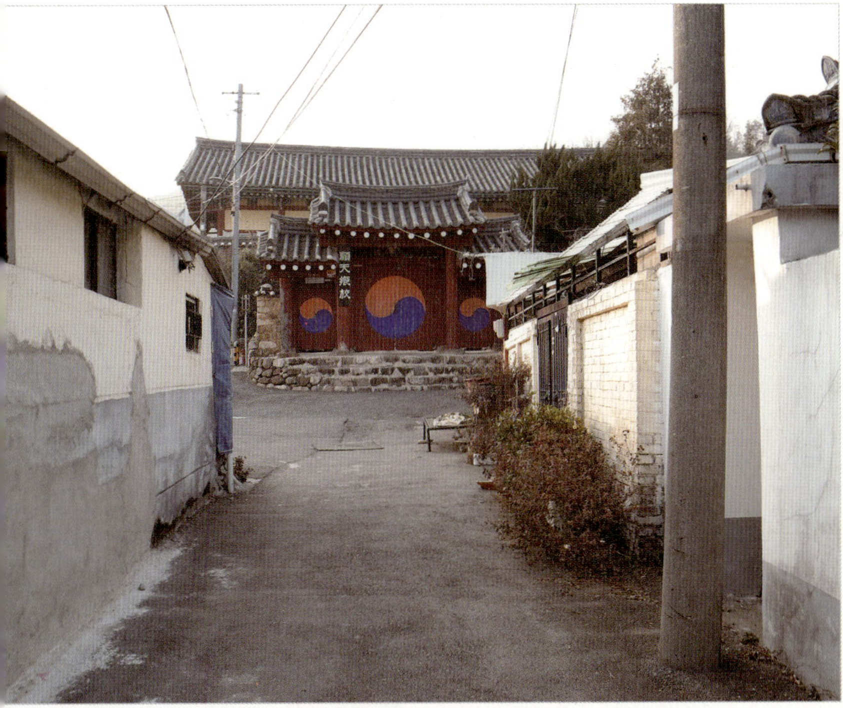

문화의 거리

빌딩, 동네, 사람, 거리 등 도시를 꾸미는 여러 요소 중 거리는 가장 중요한 요소다. 거리를 어떻게 꾸미느냐에 따라 빌딩의 모습이 달라지고, 동네의 분위기가 달라지며, 사람의 표정이 달라진다. 룰루랄라 콧노래가 절로 흘러나올 예쁜 거리 하나쯤 가지고 있다면, 그 도시는 사랑스러운 추억이 될 수 있다. '순천의 인사동'이라 불리는 문화의 거리가 그렇다.

행동, 영동, 금곡동 일대에 걸쳐 생성된 이 거리에는 골동품 가게와 공방이 즐비하고, 갤러리와 아담한 카페도 수두룩하다. 조형물이나 벽화, 아기자기한 간판들도 눈에 띈다. 상시로 판을 벌이는 거리 공연도 실컷 관람할 수 있다. 전통의 옛 정취도 이 거리가 제공하는 문화에 포함된다. 순천부읍성의 성곽터를 중심으로 순천향교, 임청대, 옛 동헌터 등의 전통문화유산의 멋진 풍경이 곳곳에 산재해 있다.

이렇듯 '문화'라는 단어가 잘 어울리는 이 거리는 원도심의 정체성을 찾는 한편, 원도심이 가진 문화유산을 활용하여 신시가지와 상생할 수 있는 방안으로 2008년부터 순천시가 직접 지원 · 조성한 공간이다. 문화의 거리 조성 및 지원 조례를 제정한 이후 다양한 지역의 문화예술인들이 모여들면서, 거리는 역사와 문화가 어우러진 멋과 맛으로 채워지기 시작했다. 이것저것 고민할 것 없이 뛰어들어 보고 즐길 수 있는 이곳은 순천 시내의 오아시스다.

알고 가면 더 좋다

버스를 타고 순천 중앙시장 혹은 의료원로터리에서 하차 후 삼성 생명 건물을 지나오면 문화의 거리가 펼쳐진다.

문화의 거리 중심가 양쪽으로 커다란 은행나무들이 줄지어 심어 져 있는데, 가을이면 기가 막히게 멋진 풍경을 뽐낸다. 그래서 이 곳을 '은행나무 아래로路'라고 부르며 은행나무 잎이 노랗게 무르 익는 11월이면 '은행나무 아래로 예술제'를 연다.

문화의 거리 내 복합문화공간 '한옥글방'을 빼놓지 말자. 한옥글 방은 전통한옥으로 지어진 도서관으로, 현재는 도서관의 기능을 넘어 국악과 성악 등의 공연은 물론 전시, 체험, 교육이 행해지는 복합문화공간으로 발전했다. 지친 발걸음이 잠시 머물기 좋은 별 채나 깔끔하게 정리된 본채 안의 서가도 인상적이다. 특별한 행사 가 없는 경우 오전 10시부터 오후 6시까지 운영하며, 일요일과 국 경일에는 문을 닫는다.

문화의 거리 인근에는 맛집도 많다. 특히 30년 세월을 넘긴 곱창 골목은 식도락가들의 필수 코스. 문화의 거리 탐방 하이라이트는 곱창에 소주 한잔으로 장식하자.

순천 주민 추천 ★★★★☆

"전시와 공연을 충분히 즐기셨다면, 팔마비와 옥천서원 등의 전통유적지도 찾아보세요. 전통과 역사가 살아 숨 쉬는 순천의 원도심에서 문화여행을 즐겨보세요."

- **주소** 순천시 행동 일대
- **입장시간** 언제든
- **입장료** 없음
- **평균 소요시간** 머무르는 만큼
- **문의** 순천문화예술과 061-749-6791

위트와 감동의 벽화 갤러리
남제골벽화마을

남제골벽화마을은 원래 공부하는 학생들의 자취방이 많던 곳으로, 조용한 분위기에 길 가운데로 실개천이 흐르는 소박한 멋이 있던 동네였다. 최근 벽화를 그리며 실개천을 복개하고 마을 우물도 새롭게 갖추면서 옛 정취까지 함께 복원했다.

특별한 유적지가 있는 것도 아닌 이곳에 벽화가 그려진 후, 여행자들이 하나둘 찾아오기 시작했다. 마을 초입의 담벼락에는 '쉬엄쉬엄 마을 여행'이란 마을의 테마가 적혀 있다. 정확히 말하면 마을을 여행한다기보다는 마을의 담벼락을 여행한다는 것이 맞겠다. 담벼락마다 그려진 다양한 테마의 벽화가 발길과 눈길을 쉬엄쉬엄 머물게 한다.

벽화마을이 워낙 많이 생겨난 요즘, 벽화만으로는 특별한 관심을 불러일으킬 수 없겠지만, 어떤 벽화가 그려지느냐에 따라 관심의 크기는 조금 달라질 수 있을 테다. 그런 차원에서 남제골 언덕을 빈틈없이 꾸미고 있는 벽화들에는 위트와 감동이 있다. 담장에 기대어 숨바꼭질을 하고 있는 소녀나 하수도관을 피리 삼아 불고 있는 소년, 파이프 구멍으로 형상화된 흡연으로 구멍 난 폐, 컨테이너를 떠받치고 있는 슈퍼맨 등 기발한 아이디어가 낡은 골목에 생기를 불어넣고 있다. 아무것도 아닌 보통의 동네가 재치 넘치는 벽화 덕분에 별의별 이야기가 넘쳐나는 특별한 여행지로 둔갑한 것이다.

알고 가면 더 좋다

벽화는 지역에서 활동하는 미술 작가와 순천대 만화애니메이션 학과 학생들, 그리고 마을 주민들이 직접 그렸다. 집집마다 다른 그림으로 표현한 편지함을 보는 재미도 쏠쏠하다.

가운데 언덕을 따라 한 길로 쭉 형성된 마을이다. 마을 구조 자체가 복잡하지 않아 돌아보기에 어렵지 않다.

마을 중턱에 '남제샘'이라는 우물이 있다. 실제 주민들이 사용하는 우물로, 오래된 우물가에 앉아 손이라도 씻어보는 영광을 누려보길 권한다.

남제골의 명물 '남제골 에코도시락'에서 점심을 해결하자. 남제골 에코도시락은 지역에서 생산되는 친환경 재료로 산야초발효도시락, 에코약선도시락, 에코수제쌈밥 등 웰빙 도시락을 만들어 판매하는 마을기업이다. 수익금은 지역복지사업에 환원한다. 단체주문은 사흘 전 예약(061-742-2330)해야 하며, 당일 구입은 마을 언덕 중간쯤에 위치한 남제동 희망센터에서 하면 된다.

52번, 67번, 88번 버스를 타고 순천제일대학교정류장에서 하차하면 된다.

순천 주민 추천 ★★★☆☆

"다양한 테마의 벽화로 마음을, 친환경 도시락으로 입맛을 치유하세요. 눈이 번쩍 뜨이는 특별한 관광지는 아니지만, 마음 편히 미소 지을 수 있는 곳이랍니다."

- **주소** 순천시 남제길
- **입장시간** 언제든
- **입장료** 없음
- **평균 소요시간** 1시간
- **문의** 순천역 관광안내소 061-749-3107

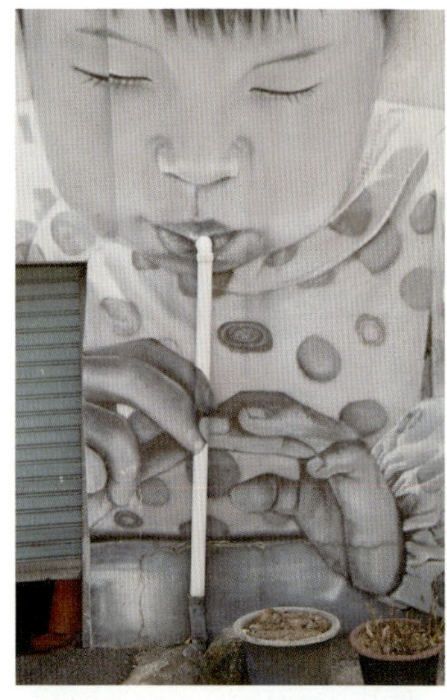

이야기가 살고 추억이 손짓하는
순천오픈세트장
POST
우편
대성상회

좁은 방에 살을 맞대고 보릿고개의 배고픔을 견디며 구구절절 살아가던 때가 있었다. 소나기라도 쏟아지면 세숫대야부터 냄비까지 세간 도구를 총동원해 뚫린 천장 아래 밤새 보초를 서며 가난을 받아내던 시절. 비록 처절하게 가난했지만, 연탄 한 장이면 함께 저녁을 해먹고 아랫목에 붙어 앉아 엉덩이를 지질 수 있었던 소박한 따뜻함이 있었다. 이제 지긋이 나이가 들어버린 누군가는 이곳에서 그 따뜻한 배고픔을 추억할 것이고, 눈빛 초롱초롱한 젊은 누군가는 기성세대의 길고 길었던 고단함을 잠시나마 가늠해 볼 것이다.

순천오픈세트장은 1950년대 후반부터 1960년 초까지의 소도시 읍내를 비롯해 1960년대와 1970년대의 번화가를 그대로 재현했다. 크게 순천 읍내를 재현한 구간과 서울의 달동네, 그리고 서울 변두리의 번화가를 재현한 구간으로 구분한다. 특히 순천의 읍내를 빠짐없이 재현하고자 한 노력이 눈에 띈다. 소박하면서도 화려한 읍내의 거리와 시민의 쉼터가 되어준 옥천 냇가, 그리고 순천의 한식당 등 순천의 옛 모습을 오랜 고증 작업을 통해 일일이 재현해냈다. 단순히 드라마와 영화 촬영을 위해 조성된 세트장의 수준을 넘어 순천의 오랜 생활상을 보여주는 문화와 역사의 공간으로 평가할 수 있겠다. 옛 추억과 인생 이야기가 그득한 이곳에서 마음껏 시간여행을 즐겨볼 일이다.

알고 가면 더 좋다

수시로 촬영이 진행되기에 21세기형 관람 매너가 필요하다. 촬영 현장 근처에서는 목소리를 낮추고 걸음을 사뿐히 하는 착한 센스를 보여줄 것. 운 좋으면 스타를 마주하는 횡재를 할지도.

순천오픈세트장에서 촬영했던 드라마 리스트를 미리 확보해 가는 것도 좋겠다. 내가 즐겨보던 드라마 속 주인공의 집 마당에 폼을 잡고 앉아 어설프게나마 주인공 흉내를 내보는 것도 색다른 재미 아닐까. 이곳에서 촬영한 드라마로는 〈사랑과 야망〉〈서울 1945〉〈에덴의 동쪽〉〈제빵왕 김탁구〉〈빛과 그림자〉〈절정〉 등이 있고, 영화는 〈늑대소년〉〈마파도2〉〈님은 먼 곳에〉〈그해 여름〉 등이 있다.

옛 읍내 풍경을 그야말로 예스럽게 완성해주는 촬영 소품들을 찾아보는 재미도 쏠쏠하다. 60년대의 쥐잡기 운동 포스터나 마당에 가지런한 고무신들, 그리고 찌그러진 양은주전자나 고동색으로 녹슬어버린 옛날 자전거까지 낡고 낡았지만, 따뜻한 추억을 선사하는 소품들 덕분에 둘러보는 내내 가슴은 설렐 것이다.

언덕 위에 옹기종기 모인 서울달동네 세트장에 오르면 순천오픈세트장의 전경을 한눈에 살펴볼 수 있다. 전경은 두말할 것 없이

한희 미용실
상회
대성상회
화 장

멋지지만, 달동네 정상까지 오르는 언덕길이 생각보다 가파르니, 언덕을 오르기 전 허벅지와 종아리에 근육을 살짝 풀어주자.

남제골벽화마을에서 갈 경우 101번 버스를 이용하면 되고 순천역이나 순천종합버스터미널에서 갈 경우 77번을 타면 된다.

본래 군부대가 있던 자리로, 2005년 군부대가 이전하면서 남겨진 부지 18만 4800제곱미터에 지금의 세트장을 지었다.

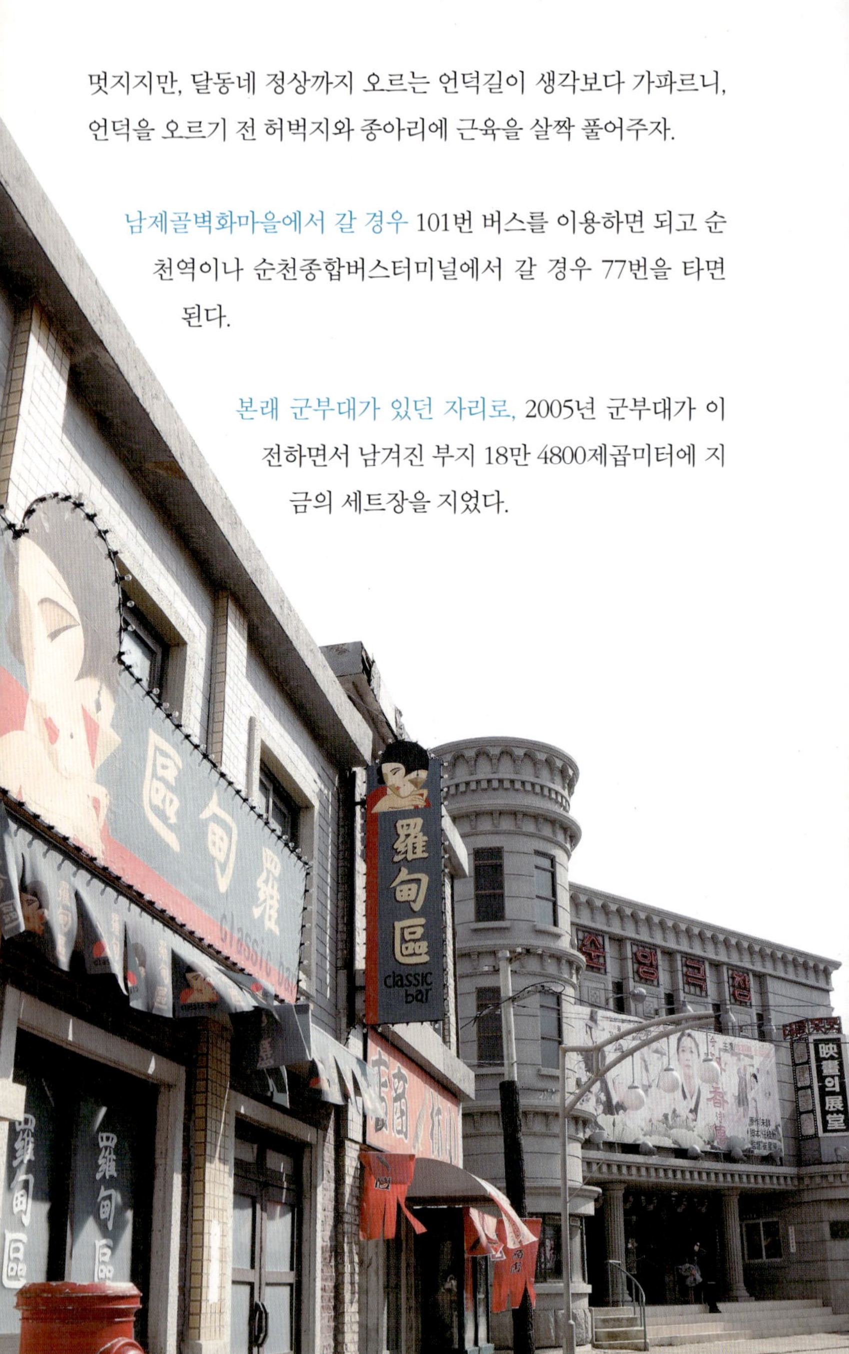

"세트장을 산책하며 드라마 내용을 되짚어보는 것도 좋지만, 옛 서민의 터전을 복원한 만큼 그 오랜 애환을 가슴으로 느껴보는 건 어떨지요. 어른들에게는 아련한 회상이, 아이들에게는 좋은 교육의 기회가 되어줄 겁니다."

- **주소** 순천시 비례골길 24
- **입장시간** 9:00~18:00
- **입장료** 3000원
- **평균 소요시간** 1~2시간
- **예약 및 문의** 061-749-4003, scdrama.sc.go.kr

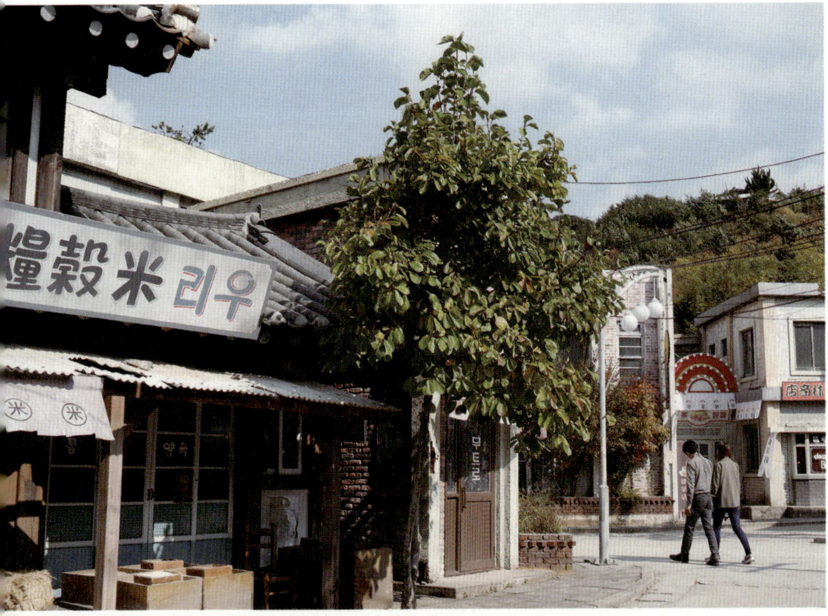

조례호수공원

부담 없이 산책할 수 있는 공간이 많을수록 여행은 여유로워진다. 순천 조례동 신시가지에 자리한 조례호수공원은 동천 산책로와 함께 순천 시민들이 가장 아끼는 산책로다. 호수 주변으로 실개천이 흐르고, 산책로를 따라 잔디밭이 이어지며, 호수 안으로는 갈대 무리가 몸을 흔들고 있다. 곳곳에 간이 운동시설도 갖추고 있어 도심을 대표하는 웰빙 공간으로서도 손색이 없다. 특히 길이 74미터, 너비 14미터로 국내 최대 규모인 음악분수대는 조례호수공원의 상징이 되었다. 400곡의 음악에 맞춰 12가지의 연출이 가능한 첨단 분수대로 순천 시민들에게 최고의 볼거리를 제공한다. 공원 근처에 개관한 지하 1층 지상 3층 규모의 조례호수도서관도 덩달아 사랑을 받고 있다.

지금은 예쁜 호수공원으로 사랑을 받고 있지만, 10년 전만 해도 이곳은 너른 논밭에 저수지 하나 달랑 달려 있는 그저 그런 변두리 지역이었다. 신시가지로 연향동이 개발되고, 인근까지 도심 공사가 확장되면서 저수지의 용도가 폐지되자, 저수지를 포함한 주변 17만제곱미터를 생태호수공원으로 조성한 것. 멀리 아파트 단지가 호수 공원의 배경이 된 것은 조금 아쉽지만, 순천 시내의 허파로서 싱싱한 숨을 선사하는 조례호수공원을 거닐며, 도시의 날렵한 풍경을 즐기는 것도 나쁘지는 않다. 꽃과 나무를 그대로 반영하는 수면의 선명한 색감은 작은 아쉬움마저 잊게 해준다.

알고 가면 더 좋다

호수공원 인근으로 브랜드 카페와 레스토랑이 즐비한 카페 타운이 형성되어 있다. 이국적인 분위기를 자아내는 이곳은 순천의 새로운 명물로 자리매김한 상태. 저녁 무렵 2층 카페 앉아 호수의 야경이 전하는 낭만을 누려보자.

조례호수공원 내에 조례호수도서관이 있다. 숲과 호수가 어우러진 친환경 도서관으로 전국에서 가장 아름다운 도서관 중 하나로 손꼽힌다. 조례호수공원을 한 바퀴 돌고 공원 내에 있는 조례호수도서관에 들러 시집 한 권 읽어볼 것을 추천한다. 도서관 개관 시간은 오전 8시부터 오후 10시까지이며, 휴관일은 매달 첫번째 월요일과 주말을 제외한 공휴일다.

음악분수쇼는 겨울 시즌을 제외한 3월부터 11월까지 주야간에 걸쳐 수차례 진행된다.

순천오픈세트장에서 77번을 타고 대주아파트에 내려 101번을 타거나 국민은행 앞에 내려 59번을 타고 조례시영아파트에서 하차하면 된다.

호수공원 산책로는 옆 동산의 오솔길로도 이어진다. 사계절 늘 푸른 녹지 공간으로 도심에서 숲 속 산책을 맛볼 수 있다. '허겁지겁' 실컷 숨 쉬며 체내에 맑은 공기 잔뜩 저장하고 오자.

"조례호수공원 곳곳에 자그마한 책장 크기의 미니 도서관이 설치되어 있어 햇살 좋은 날이면, 벤치에 앉아 독서를 즐길 수 있죠. 또 이따금씩 국악과 클래식 공연 등 음악회가 열리기도 합니다. 조례호수공원은 공원이며 도서관이자 공연장입니다."

- **주소** 순천시 왕지2길
- **입장시간** 언제든
- **입장료** 없음
- **평균 소요시간** 머무르는 만큼
- **문의** 순천시 관광진흥과 061-749-3742

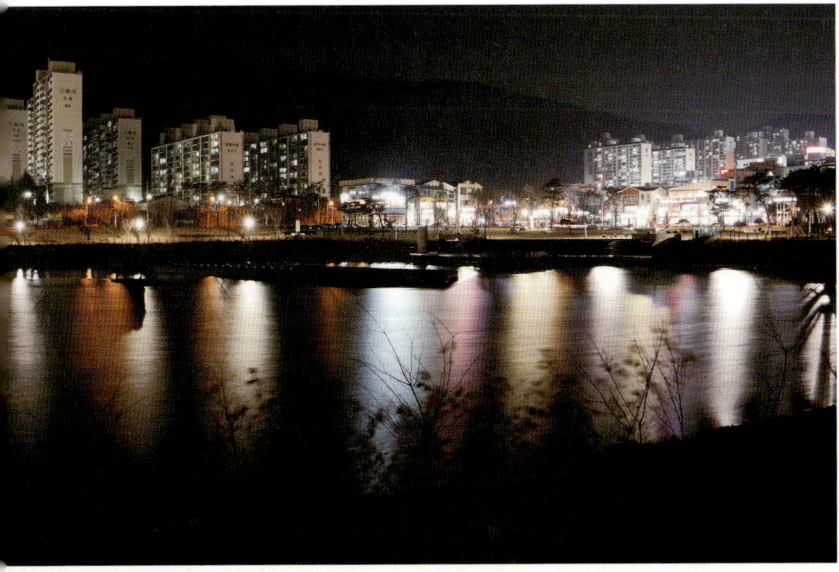

여기도 한번 가보세요
가는 날이 장날이기를 바라며!
순천의 오일장

시장 구경만큼 재미난 일이 또 어디 있을까. 시끌벅적한 시장길을 비집고 들어가 1000원에 두어 개씩 내어주는 '설탕 도나스'를 맛보고, 순식간에 생선을 손질해내는 아주머니의 빠른 칼질에 감탄도 쏟아본다. 몇백 원 깎아보겠다고 승강이를 벌이는 손님의 고집 센 입담은 또 얼마나 구수한가. 도로변까지 짐을 밀고 나와 길목을 가로막는 장사꾼들의 뻔뻔함에도 그다지 화가 치미지 않는다. 이래도 재미있고 저래도 용서가 되는 건, 장날의 풍경에는 거역할 수 없는 인정이 서려 있기 때문일 테다. 순천에도 이렇듯 야무지게 재미난 오일장이 두 군데 선다. 풍덕교 동천변과 순천종합버스터미널 사이에서 열리는 '아랫장'과 동외동 부근에서 열리는 '웃장'이다.

순천 최대의 오일장, 아랫장

아랫장은 상설시장을 포함해 순천에서 열리는 장 가운데 가장 규모가 큰 장으로, 하루 이용객이 2만 명을 웃돈다고 한다. 순천만 간척지에서 생산되는 청결미를 비롯한 각종 농산물과 순천만과 남해에서 들여오는 제철 수산물, 그리고 공산품 등이 주를 이룬다. 전형적인 시골 오일장의 모습으로 순천은 물론이고, 구례, 광양, 곡성, 보성, 화순, 여수 등지에서도 때가 되면 이곳을

찾아온다.

생선 비린내조차 고소하게 느껴지는 배고픈 점심 무렵이면, 근처 상인들과 손님들이 팥죽 골목으로 걸음을 재촉한다. 팥죽 골목은 아랫장을 대표하는 명물 거리로 한 대접 가득한 팥죽이 겨우 4000원이다. 정확히 팥죽은 아니고, 팥칼국수인데 걸쭉한 한 그릇이면 저녁까지도 배가 부를 정도다. 고소한 팥칼국수 한 젓가락에 무김치를 얹어 먹는 맛은 아랫장이 아니면 맛보기 힘들다. 노상에서 즉석으로 빚어 튀기는 옛날식 도넛도 인기 만점. 이 커다란 장터를 다 돌아보려면 든든히 간식을 챙겨 먹어야 한다.

돼지머리국밥으로 유명한 웃장

웃장 역시 아랫장과 마찬가지로 전통오일장이다. 규모는 아랫장보다 작으나 조금 더 재래시장의 분위기가 강하다. 행상의 과일과 찐빵, 만두 등의 장날 풍경은 웃장과 크게 다를 바 없지만, 웃장은 아랫장과 달리국밥으로 특성화된 장이다. 웃장 고유의 국밥 데이(9월 8일)를 보유하고 있으며, 순천이 자랑하는 30년 역사의 국밥 골목이 들어서 있기도 하다. 순천 웃장의 국밥 골목을 대표하는 국밥은 돼지머리 국밥으로 입구부터 미소 띤 돼지의 얼굴이 손님들을 반긴다. 수북하게 콩나물을 넣어 끓여내는 것이 특징이라면 특징. 콩나물 덕에 돼지 잡내는 물러나고 그 자리에 깔끔하고 시원한 맛이 자리한다. 사람이 지나갈 정도의 자리만 남겨두고 골목 양쪽으로 빼곡하게 노점이 들어선 모습도 웃

장의 독특한 풍경 중 하나이다. 허리 굽은 할머니들이 야채며 생선을 내다 파는데, 그 정겨운 모습을 차마 지나칠 수 없어 한 번 두 번 지갑을 열다보면, 장바구니는 어느새 풍년이다.

- **아랫장 위치** 순천시 장평로 60
- **아랫장 열리는 날** 2, 7, 12, 17, 22, 27일

- **웃장 위치** 순천시 북부시장길
- **웃장 열리는 날** 5, 10, 15, 20, 25, 30일

꽃길 따라 누비는 세계여행

순천만정원

넘실거리는 꽃의 향기와 부드러운 흙길의 촉감, 초록 나무의 평화까지 순천만정원은 종합비타민처럼 우리의 닫힌 눈을 깨우고 막힌 코를 열며 모든 감각을 틔워준다. 지난 2013년, 순천을 꽃향기로 가득 채웠던 '순천만국제정원박람회'가 2014년 4월 20일부터 '순천만정원'으로 다시 개장한다. 111만 2000제곱미터(약 33만 평)의 광활한 부지에 조성한 순천만정원에는 11개의 세계 정원과 61개의 참여 정원, 그리고 11개의 테마 정원 등 총 83개의 정원이 꾸며져 있다.

먼저 정원 입구 옆으로 난 꽃길을 따라 걸으면 클래식한 분위기의 한국 정원에 닿게 된다. 빙그레 웃는 처마와 녹색 연못이 아름다운 한국 정원을 한 바퀴 둘러본 후에는 순천만정원을 한눈에 조망할 수 있는 전망대에도 올라본다. 시원한 바람을 맞으며 콧노래를 흥얼거리는 동안 온몸의 세포가 꽃처럼 활짝 피어나는 짜릿한 청량감을 느껴볼 수 있다.

세계 16개국 14만 어린이들의 꿈이 전시된 꿈의 다리를 건너 정원의 동편으로 건너가면, 각국의 지형적 특성과 성향이 고스란히 반영된 세계 정원이 펼쳐진다. 중국 정원, 미국 정원, 영국 정원, 일본 정원 등 여러 나라의 정원을 둘러보는 내내 짧은 세계여행이 이어진다. 풍차가 돌아가는 네덜란드 정원이나 자연 재료를 활용한 태국 정원, 목가적인 분위기의 터키 정원 등 이국적인 경치가 특별한 설렘을 안겨줄 것이다.

이외에도 흑두루미를 형상화한 '흑두루미 미로정원', 〈미녀와 야수〉에서 야수가 가꾸던 장미정원을 상상하며 디자인한 '야수의 장미정원', 세계적인 정원 디자이너 찰스 젱스가 순천의 풍경에서 영감을 얻어 디자인한 '순천호수정원' 등 예술 감성이 잔뜩 묻어나는 정원들도 곳곳에 펼쳐져 있다. 어디를 걸어도 향기롭고 무엇을 마주해도 아름다운 순천만정원에서라면 여행은 언제나 싱그러운 봄빛 가득이다.

● **위치** 순천시 남승룡로 66
　순천역이나 순천종합버스터미널에서 69번, 200번 버스 이용
● **문의** 1577-2013, www.scgardens.or.kr

옛날손만두

얇은 만두피에 꽉 찬 속이 만두의 식감을 높여준다. 주방에서 만두피까지 직접 빚는 모습을 볼 수 있다. 만두만큼이나 김밥의 명성도 높다. 특히 김치만두와 고추김밥이 가장 인기가 많다.

- **가는 길** 중앙시장 입구 맞은편 골목
- **주소** 순천시 옥천길 10
- **문의** 061-753-5505
- **휴일** 연중무휴

원조동경낙지

메뉴는 낙지전골 딱 하나! 그 한 가지 메뉴를 맛보기 위해 작은 가게는 종일 북새통이다. 현지인들이 추천하는 맛집으로 늘 우선순위에 올라 있다. 얼큰하고 담백한 국물도 끝내주지만, 산지에서 직접 공수한 오동통한 낙지의 식감 역시 입맛을 단숨에 사로잡는다. 낙지전골을 한 국자 밥그릇에 덜어 각종 채소, 김가루와 함께 비벼 먹는데, 지켜보는 것만으로도 입에 침이 가득 고인다. 곁들이는 동치미도 낙지전골만큼 유명하다.

- **가는 길** 문화의 거리 영상미디어센터 맞은편
- **주소** 순천시 금곡길 26
- **문의** 061-755-4910
- **휴일** 연중무휴

성일식당

중앙시장 곱창 골목 중에서도 맛집으로 꽤나 알아주는 집이다. 당면과 채소가 가득 올려진 곱창전골은 그 모양새부터 군침을 자극한다. 진한 국물과 쫄깃하고 고소한 곱창의 식감은 술 한잔을 절로 부른다. 주 메뉴로는 돌곱전골, 소곱전골, 돼지고기전골 등이 있으며, 이중 돌곱전골이 가장 인기가 좋다.

- **가는 길** 중앙시장 곱창 골목
- **주소** 순천시 별미길 5
- **문의** 061-752-7376
- **휴일** 연중무휴

구억식당

순천의 국밥은 웃장의 국밥 골목이 유명하지만, 아랫장 입구 건너편에도 국밥집이 여럿 있다. 어느 집에서든 감칠맛 나는 국밥을 맛볼 수 있겠지만, 기왕이면 현지인들이 엄지손가락을 치켜드는 구억식당으로 찾아가자. 아랫장 국밥집 중 가장 오래된 원조 식당으로 인상 좋은 사장님은 올해로 25년째 국밥을 말고 있다. 식당을 오픈했던 37세에 '9억을 모으겠다'는 일념으로 식당 이름마저 '구억식당'이라 명명했다고. 순대국밥과 수육을 주 종목으로 하며, 온종일 우려낸 사골 육수의 깔끔한 식감은 타의 추종을 불허한다. 보들보들한 수육에 잘 익은 김치를 얹어 한입 삼키면, 이만한 호사가 따로 없다. 하루 400그릇은 기본으로 나간다 하니, 이 정도면 최고의 맛집으로 손꼽을 만하다.

- **가는 길** 아랫장 입구 건너편 횡단보도 앞
- **주소** 순천시 장평로 65
- **문의** 061-745-3272
- **휴일** 연중무휴

쌍암추어탕

걸쭉하지만 깔끔한 뒷맛이 일품이다. 어머니에 이어 아들이 2대째 맛을 지켜내고 있다. 국산 양식 미꾸라지를 사용하며, 인근 역전 시장에서 매일 신선한 식재료를 공수해온다. 공기에 꽉꽉 눌러 담아오는 고슬고슬한 쌀밥은 밥솥에서 따로 밥을 퍼담은 게 아닌, 공기에 쌀을 안쳐 공기째로 직접 지은 밥이다.

- **가는 길** 순천역 지오스파 건너편 뒷골목
- **주소** 순천시 역전장1길 42
- **문의** 061-725-6111
- **휴일** 연중무휴

순광식당

낙지탕탕이(낙지를 잘게 썬 것) 전문점이다. 잘게 썬 산낙지에 참기름과 김가루, 그리고 고추장을 얹어 밥에 비벼 먹는다. 잘근잘근 씹히는 산낙지의 신선함이 보통이 아니다. 코를 간질이는 참기름의 고소한 냄새도 식욕을 자극한다. 낙지는 순천만 화포해변에서 잡은 산낙지만을 사용한다. 골목에 낙지 전문점이 여럿 있지만, 낙지탕탕이는 순광식당이 원조다.

- **가는 길** 순천시청 앞 골목
- **주소** 순천시 중앙5길 31
- **문의** 061-745-6331
- **휴일** 일요일

양지쌈밥

문화의 거리 인근에 자리한 양지쌈밥은 돼지고기쌈밥 외에 고등어쌈밥과 정어리쌈밥을 주 메뉴로 선보인다. 가격도 저렴한 데다 음식 맛도 워낙 좋아 대낮부터 줄서 기다려야 맛볼 수 있다. 찌그러진 양은 냄비에 담아내는 짭조름하면서도 달콤한 고등어조림은 비주얼부터가 별미다.

- **가는 길** 순천청소년수련관을 끼고 오른쪽
- **주소** 순천시 영동길 49
- **문의** 061-752-9936
- **휴일** 일요일

장대콩국수

오전 내내 더위와 싸웠다면 이제 장대콩국수에서 더위를 무찌르자. 국산콩을 곱게 갈아 만든 콩국은 부드러운 수프를 먹는 느낌이다. 특히 순천에서는 콩국수에 소금이 아닌 설탕을 넣어 간을 맞추는데, 설탕 넣은 콩국수도 나름 별미겠다. 식사 시간에는 줄을 서야 하니, 조금 빨리 찾아가자. 가을부터 봄까지 선보이는 팥죽도 인기가 좋다.

- **가는 길** 장대공원에서 순천교 건너자마자
- **주소** 순천시 이수로 51
- **문의** 061-744-1057
- **휴일** 연중무휴

인비토

최근 조례호수공원 카페 타운 내에서 가장 주목받고 있는 이탈리아 레스토랑이다. 샐러드를 비롯해 파스타, 피자, 스테이크까지 모두 10년 이상의 경력을 보유한 대표가 직접 만든다. 열혈 요리 열정으로 다양한 메뉴를 직접 발굴해 선보이며, 제철 재료만을 사용함으로써 신선한 식감을 살려낸다. 특히 견과류를 가득 토핑한 고르곤졸라 피자와 크림소스 스테이크는 최고 인기 메뉴로 느끼하지 않고 고소하다. 한우 카르파치오 샐러드 또한 다른 레스토랑에서는 느낄 수 없는 매력적인 맛을 자랑한다. 연인과 분위기를 내기에도 그만이고, 친구와 맛집으로 방문해도 부족함이 없다.

● **가는 길** 조례호수공원 카페 타운 내 따자르데코 2층
● **주소** 순천시 왕지4길 10-15
● **문의** 061-725-0036
● **휴일** 연중무휴

화월당

중앙시장 입구에 자리한 화월당은 순천에서 가장 오래된 빵집으로 1928년 개업 이후, 80년이 넘도록 3대째 운영 중이다. 판매 상품은 찹쌀떡과 볼카스테라. 일반 빵집에서 판매하는 빵들은 찾아볼 수 없어서 실망할 수도 있겠지만, 찹쌀떡과 볼카스테라를 맛보는 것만으로도 화월당의 명성을 이해하기에는 충분하다. 속을 빵빵하게 채운 팥앙금은 적당히 달고 크림처럼 부드러운 속맛을 전해준다. 특히 볼카스테라는 미리 예약하지 않으면 그 맛을 볼 수 없을 정도로 인기가 높다. 인기의 비결은 옛맛을 유지하기 위한 정성에 있다. 식구 외에는 외부인을 직원으로 들이지 않으며, 대량 제조로 인한 '맛의 몰락'을 방지하기 위해 매일 일정량만을 만든다. 또한, 쌀을 씻고 빻는 모든 과정을 100% 수작업으로 하며, 방부제를 전혀 넣지 않기에 빵 자체의 신선도 역시 뛰어나다.

- **가는 길** 중앙시장 입구
- **주소** 순천시 중앙로 90-1
- **문의** 061-752-2016
- **휴일** 연중무휴

보릿고개

요즘처럼 풍요로운 시대에 보릿고개의 배고픔은 없겠지만, 여행자의 허기를 채우기에 더없이 좋은 식당이다. 텃밭에서 직접 가꾼 상추, 치커리, 풋고추 등 유기농 채소와 돼지고기주물럭을 마음대로 먹을 수 있다. 모둠전을 제외한 모든 반찬을 무료로 추가할 수 있다. 푸짐한 보릿고개 정식도 인기지만, 팥죽과 기장밥도 별미 중의 별미다. 상사호 인근에 있어 상사호를 둘러본 후 이곳에서 허기를 달래면 좋겠다.

- **가는 길** 상사댐 전망대 지나 순천 시내 방면으로 내려가다 왼쪽
- **주소** 순천시 상사면 상사호길 428
- **문의** 061-745-5574
- **휴일** 둘째주, 넷째주 수요일

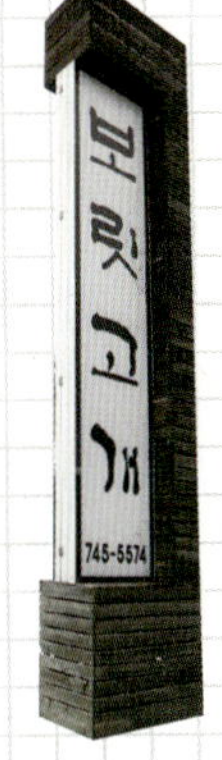

131

카페312

죽도봉공원으로 오르는 언덕길 중턱에 있다. 높은 지대에 자리한 만큼 창밖의 야경으로 유명한 곳이다. 실내와 벽면을 장식하는 아기자기한 소품들도 사랑스럽다. 연인들의 데이트 코스로 주목받고 있고, 배낭여행객의 휴식처로도 입소문이 나 있다.

● **가는 길** 죽도봉길에서 순천승산교회 방향 길목
● **주소** 순천시 율전2길 108
● **문의** 061-741-6454
● **휴일** 연중무휴

가로수길

아담한 테라스 자리가 탐나는 카
페. 문화의 거리에 위치한 카페답
게 안락한 분위기가 마음에 든다.
여름철에 맛볼 수 있는 옛날 팥빙
수는 유난히 중독성이 강하다. 쫀
득하고 고소한 인절미와 너무 달
지 않은 통단팥의 조화가 환상적
이다. 꿀레몬차와 아포가토는 주
인장 추천 메뉴다.

- **가는 길** 문화의 거리 영상미디어센터
  맞은편
- **주소** 순천시 금곡길 30
- **문의** 061-754-4425
- **휴일** 연중무휴

어우림

'Red_Farm'이라는 카페와 함께
'OHBABI'라는 퓨전 레스토랑을
갖춘 수목원이다. 카페에 들어서
는 길목부터 숲이 전하는 힐링의
숨결이 느껴진다. 카페나 레스토
랑의 분위기도 분위기지만, 수목
원이 무척이나 예쁘다. 흔히 알고
있는 거대한 규모의 수목원은 아
니고, 카페와 레스토랑을 에두르
는 작은 정원 같은 느낌의 수목원
이다. 45년 넘게 자라온 소나무 숲
과 계곡이 수목원의 깊은 정취를
완성시킨다.

- **가는 길** 순천경찰서에서 우회전 후
  1.8킬로미터
- **주소** 순천시 조비1길 7
- **문의** 061-752-3480
- **휴일** 매월 첫째주 수요일

133

다이앤페코

다이앤페코는 '홍차를 즐기는 여인'이라는 뜻을 가진 홍차 카페다. 40여 가지의 홍차를 맛볼 수 있으며, 매장에서 100% 우유버터로 직접 만든 수제 디저트도 즐길 수 있다. 홍차의 그윽한 향도 일품이지만, 고급스러운 찻잔이 홍차의 맛을 더욱 깊게 해준다. 차를 고르기 전 미리 차의 향을 맡고 선택할 수 있도록 시향용 유리병을 마련해두었다. 매일 마시는 아메리카노에 질렸다면, 이제 다이앤페코에서 전하는 홍차의 매력에 빠져보자.

- **가는 길** 순천오픈세트장 가는 길 연동2차 대주파크빌 상가 단지 내
- **주소** 순천시 왕궁2길 39
- **문의** 061-725-5342
- **휴일** 연중무휴

364days

보드게임을 즐길 수 있는 칵테일
바다. 수십 종의 칵테일이 메뉴판
을 채우고 있다. 364days가 빛을
발하는 순간은 금요일 저녁. 단돈
1만5000원에 칵테일이 무한 제공
되는 날이다. 단 테이블 인원수대
로 주문해야 한다. 향긋한 칵테일
과 부루마블의 조화라니, 생각만
해도 흥미롭다.

- **가는 길** 구 나산부인과 건물 바로 뒤편
- **주소** 순천시 대석1길 6
- **문의** 061-722-3078
- **휴일** 연중무휴

쉼표

카페 이름처럼 여행자에게 진정
아늑한 쉼이 되어주는 공간이다.
복층으로 구성된 각 룸에는 은은
한 커튼이 쳐져 있어 연인과 데이
트하기에도 좋다. 족욕 룸도 마련
되어 있는데 음료 주문 시에는 공
짜로 즐길 수 있다. 이외에도 보드
게임, 당구, 다트 등 다양한 즐길
거리가 구비되어 있다. 사촌 오빠,
동네 형처럼 친절하고 따뜻한 사
장님의 마음씨는 덤이다.

- **가는 길** 중앙시장 남문교 옆
- **주소** 순천시 저전1길 6-42
- **문의** 061-742-3360
- **휴일** 연중무휴

135

카페브릭

주인이 수집한 레고 캐릭터와 피규어 등 완구물이 실내를 장식하고 있다. 숨은 그림을 찾듯 실내 구석구석 숨어 있는 레고 캐릭터를 찾는 재미도 쏠쏠하다. 음료에는 파우더를 전혀 사용하지 않아 신선한 과일이 그대로 씹힌다.

- **가는 길** 왕지공원 뒤편 안데르센 유치원 골목
- **주소** 순천시 왕궁2길 67
- **문의** 010-3074-6304
- **휴일** 연중무휴

파팔리나

팥빙수 전문 카페다. 100% 국내산 팥을 전용 가마솥에서 직접 삶아 만든다. 망고빙수, 블루베리빙수, 와인빙수, 초코빙수 등 10여 가지 빙수와 단팥죽을 맛볼 수 있는데, 그중 가장 인기가 많은 것이 '깨 방정 빙수'다. 얼린 우유와 연유를 갈아 만든 부드러운 눈꽃 빙수에 각종 견과류와 검은깨 가루를 뿌려 완성한다.

- **가는 길** 유심천 헬스클럽에서 순천오픈세트장 방향 대로변
- **주소** 순천시 왕궁중앙길 62
- **문의** 061-726-8824
- **휴일** 연중무휴

와일드허니파이

아담한 실내에 들어서면 가장 먼저 눈에 띄는 것이 한쪽 면을 가득 채우고 있는 기타와 드럼이다. 클래식을 전공한 아내와 드럼을 전공한 남편이 운영하는 카페답게 실내는 작은 공연장을 방불케 한다. 실제로 공연도 이뤄진다. 하우스 콘서트 개념으로, 불시에 공연이 계획되고 SNS를 통해 공연 일정을 통보한다. 아담하고 따뜻한 카페 분위기에 맞게 어쿠스틱한 공연이 주를 이루고, 남편이 참여하는 밴드 'Vinyl LP'의 연주도 감상할 수 있다. 수제 쿠키와 오렌지 모히토가 맛있는 집으로도 유명하다. 상큼한 모히토 한 잔과 어쿠스틱 리듬의 조화를 맛보고 싶다면 와일드허니파이로 가자.

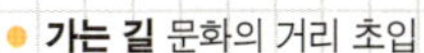

● **가는 길** 문화의 거리 초입
● **주소** 순천시 금곡길 6
● **문의** 010-2035-6772
● **휴일** 일요일

베네치아호텔

2012년 9월 개장 이후 순천만과 정원박람회 등 순천을 찾는 관광객들 사이로 빠르게 입소문이 퍼지면서 큰 호응을 얻고 있다. 특급 호텔 수준은 아니지만, 세심하고 따뜻한 서비스를 앞세우

며 순천을 대표하는 호텔로 성장하는 중이다. 지하 1층, 지상 9층 규모의 동관과 서관으로 60개의 객실과 부대시설을 보유하고 있다. 손님들이 가장 만족하는 부분은 편안하고 품격 높은 침실 공간과 무료로 제공되는 조식이다. 거기에 직원들도 친절하다.

● **가는 길** 팔마체육관 사거리 순천보훈지청 옆
● **주소** 순천시 팔마2길 13
● **예약 및 문의** 061-729-6000, www.베네치아호텔.com

아뜰리에레지던스하우스

호텔의 값비싼 요금이 부담된다면, 모텔의 위생 수준에 믿음이 가지 않는다면, 게스트하우스의 소란스러움이 힘겹다면, 정답은 아뜰리에레지던스하우스다. 저렴한 가격과 철저한 위생 관리, 

그리고 독립적인 객실로 호텔과 모텔, 게스트하우스의 단점을 보완했다. 대실 손님은 절대 받지 않으며, 호텔용 고급 침구류를 날마다 세탁한다. 요금은 게스트하우스의 2인실 정도에 그쳐 시설에 비해 저렴한 숙박 시설로 조금 다른 숙박 형태를 찾는 여행객에게 좋다.

가는 길 순천경찰서 대로변, 유심천관광호텔 맞은편
주소 순천시 중앙로 301-1
예약 및 문의 061-752-1800, 010-9440-2000(문자 문의 요망)
http://cafe.naver.com/7521800

은행나무게스트하우스

게스트하우스는 본관과 별관 두 동으로 나뉘며, 전체적으로 깨끗한 분위기를 유지한다. 한적한 일반 주택가에 자리 잡고 있어 내 집에 온 듯 편안하고 조용한 쉼을 얻어갈 수 있다. 하늘색, 연두색, 핑크색 등 파스텔 톤으로 꾸며진 객실에는 마음부터 포근해진다. 테라스 평상 위로 드리워진 은행나무가 인상적이다.

가는 길 중앙시장 정류장 맞은편 대형 약국 지나 다리 건너 홈스마일을 끼고 좌회전, 영동주차장 오리집 골목

주소 순천시 호남길 84

예약 및 문의 010-4160-6903, http://blog.naver.com/ginkgohouse

자리게스트하우스

순천역에서 도보로 5분 이내에
위치하고 있어 기차 이동시 접
근성이 좋다. 건물 외관만 살펴
봤을 때는 낙후된 듯하나, 가정
집같이 편안한 분위기에 굉장히
깔끔한 실내를 자랑한다. 화장

실은 총 네 개로 여유롭게 사용할 수 있다는 장점이 덧붙는다. 인터넷
후기도 거의 대부분이 호평 일색이다.

- **가는 길** 순천역 앞 골목, 순천중앙초등학교 대각선 대로변
- **주소** 순천시 중앙초등길 81
- **예약 및 문의** 010-3633-7815

순천하루게스트하우스

젊고 발랄한 게스트하우스의 참
맛을 즐기고 싶다면 순천하루게
스트하우스를 찾아가자. 친구 같
은 사장님을 필두로 자연스럽게
여행자 공동체가 형성되어 있다.
하루를 찾은 여행자들끼리 지
역별로 모여 '번개'모임을 하고

'순하게(순천하루게스트하우스)'라는 이름으로 모여 재능기부공연을
펼치기도 한다니, 이곳에 대한 추억의 위력을 가늠해볼 수 있겠다.

- **가는 길** 중앙시장 입구 건너편 골목 200미터
- **주소** 순천시 옥천길 27
- **예약 및 문의** 010-8193-1253

발리모텔

발리모텔은 일반적인 모텔과 다를 바 없어 보이지만, 다양한 가격 체계의 장점을 지니고 있다. 3만5000원부터 6만 원까지 가격대별 방을 비교해본 후 선택할 수 있다. 나 홀로 여행 중이라면 무난한 4만 원 객실을 추천한다. 초특급 속도를 자랑하는 무선 인터넷 또한 발리모텔의 자랑이다.

가는 길 순천역 앞 교차로에서 장대공원 방향으로 200미터
주소 순천시 역전길 23
예약 및 문의 061-741-2200

투어게스트하우스

교통의 중심인 순천역 바로 앞에 위치해 머무는 내내 각 여행지로 쉽게 이동할 수 있다. 깔끔한 로비와 편안한 실내 분위기는 순천에 첫발을 내디딘 여행자의 마음에 포근한 위안을 전한다. 시간만 맞는다면 젊은 사장님이 앞장서 여행지를 안내해주기도 한다니, 순천 여행 첫번째 숙소로 제격이다.

가는 길 순천역 건너편 이인수제과점 2층
주소 순천시 풍덕주택길 3
예약 및 문의 070-4252-6848

연우당

순천 시내와는 조금 떨어진 곳에 있지만, 상사호를 방문할 계획이라면 하루쯤 묵어가기에 좋다. 한적한 자연 속에서 한옥 체험을 하기에도 안성맞춤이다. 들어서자마자 펼쳐지는 예쁜 마당은 연우당의 자랑이다. 들꽃으로 수놓은 마당이 마치 동화 속 정원 같다. 또 객실마다 걸려 있는 그림과 공예품, 자기 등이 작은 전시장을 방불케 한다. 화가로 활동하는 주인장 규당 김성님 선  생의 작품들이다. 게스트하우스 한쪽에 마련한 연우당 찻집에서는 연잎밥과 전통차를 맛볼 수 있다.

○ **가는 길** 시내버스 64번을 타고 응령마을에서 하차하거나, 60번을 타고 동백정류장에서 하차하면 된다.

○ **주소** 순천시 상사면 응령길 7

○ **예약 및 문의** 061-745-0077

자리 깔고 종일 머물고 싶은 풍경

상사호

상사호는 1991년 순천을 비롯한 전남 동부 지역 상수 공급을 위해 조성된 댐 건설로 생긴 인공호수로, 조계산과 모후산의 산세를 품은 풍광이 신비로울 만큼 수려하다. 특히 시간대별 햇빛의 농도에 따라 시시각각 변하는 호반의 정취는 일품. 하루 종일 돗자리 깔고 앉아 호수의 색감을 바라보고만 있어도 지루할 틈이 없다. 그 풍경이 절정을 이루는 순간은 늦은 오후, 산 너머로 태양이 저물 무렵이다. 아주 맑은 날보다는 구름이 적당히 낀 날이면 더 좋겠다. 구름 사이로 쏟아지는 저녁의 햇살이 능선을 따라 호수 가운데로 밀려드는데, 마치 황금빛 길이 열리는 듯 그 화려한 경관 앞에서 눈을 뗄 수가 없다.

아침의 물안개 자욱한 풍경도 만만치 않게 황홀하다. 세상의 구름이란 구름이 전부 다 상사호로 가라앉은 듯 무성하게 피어나는 안개의 몽환적인 분위기는 신비롭다 못해 섬뜩하기까지 하다. 새의 날갯짓을 닮은 능선 사이로 날아가는 물새들 역시 상사호의 숨은 멋이다. 새들이 수면을 박차고 날아오를 때마다 출렁이는 수면은 수백 개 거울처럼 반짝이는 햇빛을 뿜어낸다.

상사호를 더 자세히 즐기고 싶다면 드라이브나 자전거 라이딩을 추천한다. 걸어서 둘러볼 만한 작은 규모가 아니기도 하거니와, 이동할 때마다 수시로 달라지는 산세의 모습을 파노라마처럼 즐길 수 있기 때문이다. 세상과 동떨어진 아늑한 낙원의 분위기를 느끼고 싶다면, 하루쯤은 순천 시내를 벗어나 상사호로 발길을 돌려보도록 하자.

● **가는 길** 순천역에서 60번 버스를 타고 석산정류장에서 하차하면 된다.
● **위치** 순천시 상사면 상사호길 553

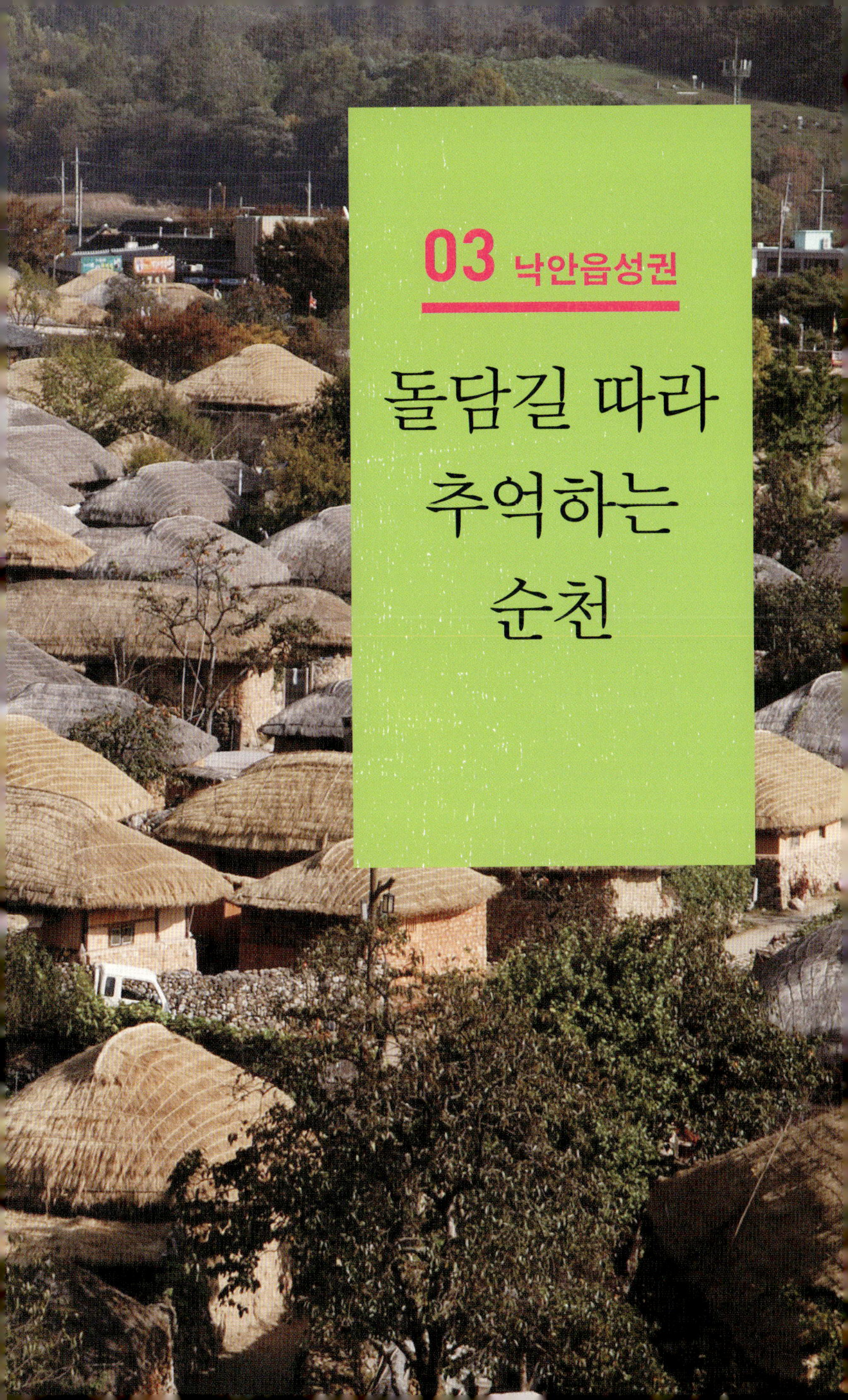
03 낙안읍성권
돌담길 따라
추억하는
순천

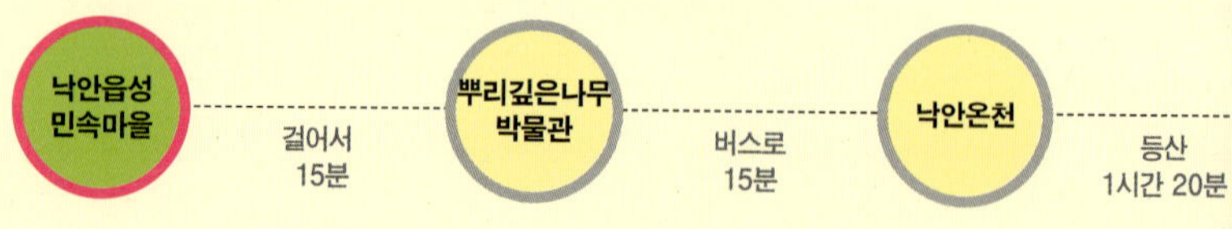

돌담길 따라 추억하는 낙안읍성 코스
낙안읍성 민속마을
걸어서 15분
뿌리깊은나무 박물관
버스로 15분
낙안온천
등산 1시간 20분

순천꽃마차마을
금강암
금전산
낙안온천
상송제
국립낙안민속 자연휴양림
고향보리밥
향토음식촌
비송펜션
풀밸리펜션
낙안읍성민속마을
낙안읍성 민박촌
낙안면 주민자치센터
동교저수지
뿌리깊은나무박물관
선비촌
민속토담
주요 장소
식당
카페
숙소
여기도 한번
주요 시설

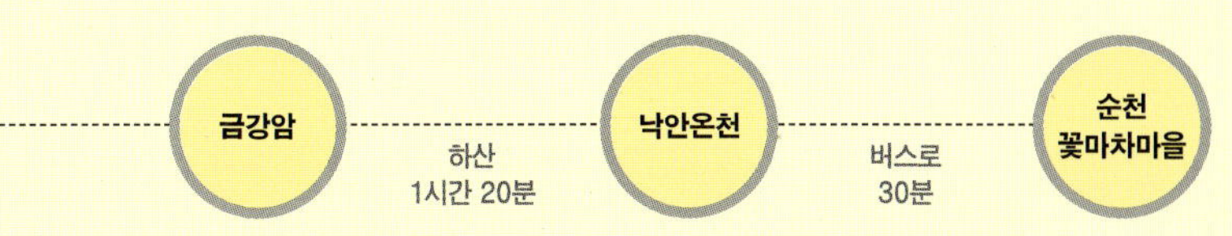

걷기 난이도 ★★★☆☆

전반적으로 버스 이동이 많아 어렵지는 않지만, 낙안온천에서 금강암까지 1시간 이상 산행을 해야 하기에 적당한 체력 안배가 필요하다.

언제 가면 좋을까

사계절 모두 좋지만, 금전산이 단풍으로 물드는 가을이나 순천꽃마차마을의 농촌체험이 가장 활발하게 진행되는 여름이라면 더욱 좋겠다.

본격적인 여행에 앞서

1. 금강암까지 오를 생각이라면 등산화는 필수. 등산로의 경사가 높고 바위가 많아 간편한 운동화로는 위험할 수도 있다. 낙안온천에서 출발하는 길을 추천하지만, 시간과 체력에 여유가 있다면 국립낙안민속자연휴양림이나 불재에서 출발해보자.

2. 낙안읍성민속마을에서 고급 숙박시설을 찾는다면 마음을 비우는게 좋다. 대신 낙안읍성민속마을에 있는 초가집 민박에서 하룻밤 따뜻하게 묵어보는 건 어떨까.

3. 순천역이나 순천종합버스터미널에서 63번 버스를 이용하면 된다. 1~2시간 간격으로 하루 10회 운행하며, 순천역에서 출발하는 첫차는 오전 6시, 낙안에서 돌아오는 막차는 밤 10시에 있다. 61번(5회), 16번(4회)도 낙안읍성으로 간다.

4. 이 코스를 하루 만에 모두 둘러보기에는 체력적으로 무리가 따를 수 있다. 절대 무리하지 말고 가급적 이틀에 나눠 돌아보자.

이것만은 꼭

★ **낙안읍성 성벽길을 꼭 걸어보자.** 1.4킬로미터의 성벽을 걷는 재미도 있지만, 성벽 위에서 바라보는 민속마을의 풍경은 색다른 감동이다. 초가지붕을 엮는 분주한 손놀림부터 아궁이 앞에 쭈그려 밥 짓는 할머니, 한복을 곱게 차려 입고 마실 가는 아낙들, 그리고 돌담 골목에 숨어 뽀뽀하는 연인까지 마음 놓고 훔쳐보는 특권을 누릴 수 있다.

★ **낙안읍성민속마을에서 진행하는 다양한 체험 프로그램에 참여해보자.** 판소리, 장구, 목공예, 붓글씨, 천연염색, 도예, 형틀 체험 등을 통해 더욱 역동적인 여행을 즐길 수 있다.

★ **눈 크게 뜨고 남부지방의 독특한 주거 양식을 살펴보자.** 낙안읍성 민속마을의 초가집들은 툇마루가 발달한 남방 특유의 형태를 그대로 유지하고 있다. 섬돌 위의 장독, 장독보다 더 낮은 돌담, 추녀 아래 쌓아둔 장작 등 낯설지만 지혜롭고 신기한 풍경들이 그득하다.

★ **금강암 양옆 천혜의 전망대에 서보자.** 왼쪽으로 낭떠러지를 막아선 바위가 '의상대'이고, 오른쪽에 서 있는 커다란 바위가 '원효대'이다. 금전산 정상에서 금강암으로 내려오는 길에 있는 헬기장도 전망대로서 매우 훌륭하다.

★ **강알칼리성 낙안온천에서 피로를 풀고 가자.** 온천물이 피로회복에 좋은 것은 온천이 알칼리성이라 피로가 쌓여 산성화된 몸을 중화시켜주기 때문이다.

순천꽃마차마을

뿌리깊은나무박물관

국립낙안민속자연휴양림

낙안읍성민속마을

국내 최대의 민속마을인 낙안읍성은 조선시대의 대표적인 지방 계획도시로, 세계문화유산 잠정목록 등재를 비롯해 CNN 선정 대한민국 대표 관광지 16위, 문화재청 선정 가족 여행지 32선에 선정된 바 있다. 현재 읍성 내에 120세대 300여 명의 주민이 살고 있고, 연간 관광객 수는 자그마치 120만 명에 달한다. 제주도의 성읍마을, 안동의 하회마을, 경주의 양동마을, 아산의 외암마을, 고성의 왕곡마을 등 우리나라에는 여러 민속마을이 존재하지만, 낙안읍성민속마을처럼 문화재로 지정된 가옥에서 사람이 직접 거주하며 과거의 생활상을 고스란히 간직하는 곳은 드물다.

번듯한 기와집이나 관아 건물도 멋스럽지만, 마을의 절반 이상을 채우고 있는 초가집이야말로 낙안읍성민속마을의 참 멋이 아닐까. 옹기종기 모여 있는 초가집 돌담길을 걷다보면, 전래동화 속의 어느 마을을 걷는 듯 신비로운 기분마저 들곤 한다. 빠르게 돌아가는 물레방아며, 빨래터의 수다쟁이 여인들, 아궁이에 앉은 무쇠솥, 댓돌 위 나란한 고무신 등 낯설지만 정감 있는 풍경이 줄줄이 이어진다. 발 빠른 시간을 딱 정지시키고, 과거의 어느 한순간을 훅 끌어다놓은 듯 다정다감한 초가삼간의 풍경이 속도에 지친 마음을 다독인다. 단단한 빌딩 계단과 엘리베이터에 묶여 있던 발걸음을 흙길 위에 올려두고 열린 골목을 따라 자유롭게 걸어나가자. 어디로 가든 포근한 옛 정취가 나를 반길 것이다.

알고 가면 더 좋다

늦가을에 방문하면 초가집 이엉을 엮는 모습을 볼 수 있다. 마을 주민들은 미리 이엉을 엮어두고, 바람이 불지 않는 날을 기다렸다가 이엉을 올린다.

낙안읍성 남문과 서문 성벽 위 중간쯤에 서면 마을을 한눈에 조망할 수 있다. 성벽의 안과 밖으로 형성된 초가지붕을 위에서 아래로 내려다보며 성벽 길을 걷는 재미가 보통이 아니다. 양반처럼 뒷짐을 지고 천천히 성벽 길을 걸으며, 마을의 정취를 속속들이 느껴보자.

마당이 예쁘다고, 마루에 앉아 쉬고 싶다고, 집안으로 함부로 들어가서는 안 된다. 마을의 초가에는 실제로 주민이 거주하고 있기 때문에 매너를 지켜야 한다. 낮은 담장 너머로도 충분히 구경할 수 있다. 우리 집 인테리어가 예쁘다고 낯선 사람이 불쑥 들어와 기웃거린다고 생각해보자. 누구라도 불쾌할 테다.

남도를 대표하는 민속마을인 만큼 다양한 축제가 개최된다. 액막이굿, 솟대세우기, 큰줄다리기, 국악 한마당, 닭싸움 등 전통 행사로 구성된 정월대보름민속한마당을 비롯해 가야금병창, 사물놀이, 씨름대회 등이 펼쳐지는 낙안민속문화축제(축제 기간 중 무료

입장), 그리고 남도의 대표 음식과 친환경 밥상을 눈과 입으로 맛볼 수 있는 남도음식문화큰잔치까지, 축제시기에 맞춰 방문하면 여행을 두 배로 즐길 수 있다.

사적지로도 낙안읍성민속마을의 가치는 빛난다. 중요지정문화재인 성곽, 민속가옥, 객사, 임경업 장군 비각 등 다수의 문화재를 보유하고 있으며, 동편제의 거장 국창 송만갑 선생과 가야금병창 중시조 오태석 명인의 생가 등이 있어 대한민국 무형문화재의 산실로도 주목을 받아왔다.

생생한 전통 배경 덕분에 〈대장금〉〈광해〉〈허준〉〈토지〉〈해신〉〈불멸의 이순신〉〈태백산맥〉〈취화선〉 등 사극 촬영도 수없이 진행되었다.

순천역이나 버스터미널에서 63번 버스를 이용하면 된다. 1~2시간 간격으로 하루 10회 운행하며, 순천역에서 낙안으로 가는 첫차는 오전 6시, 낙안에서 돌아오는 막차는 저녁 10시에 있다. 68번(9회), 61번(5회), 16번(4회)도 간다.

수문장 교대식은 매주 토요일과 일요일 오후 2시부터 4시 사이 동헌에서 동문까지 이어진다.

"그냥 겉만 돌아보지 말고, 부엌이며 세간, 장독대, 아궁이, 우물 등 마을의 생활을 들여다보세요. 지금 걷고 있는 이곳이 아니면, 우리가 언제 생생한 과거를 여행할 수 있겠습니까."

- **주소** 순천시 낙안면 충민길 30
- **입장시간** 12~1월 9:00~17:00, 2~4월 · 11월 9:00~18:00, 5~10월 8:30~18:30
- **입장료** 2000원
- **평균 소요시간** 2시간
- **문의** 061-749-8831, nagan.suncheon.go.kr

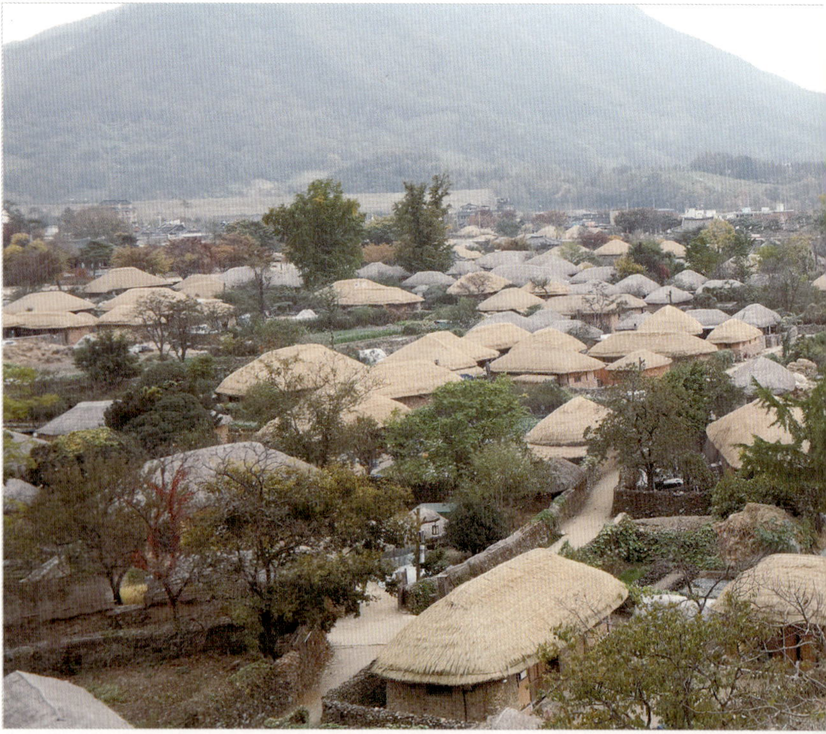

뿌리깊은나무박물관

뿌리깊은나무박물관은 1976년에 창간된 월간 종합교양지『뿌리깊은나무』의 발행인 고故 한창기 선생이 생전에 수집했던 유물을 기탁받아 2011년 순천시에서 건립한 박물관이다. 낙안읍성 옆에 세워져 낙안읍성과 함께 순천시 문화관광의 중심축이 되고 있다. 상설전시실은 '뿌리깊은나무'로, 기획전시실은 '샘이깊은물'로, 그리고 세미나실은 '배움나무'로 명명했다.

박물관은 유물과 고서·민속품 6146점, 석물 300점, 옹기 54점 등 고인이 평생 모은 민속품 6500여 점을 소장하고 있으며, 이중 800여 점을 전시하고 있다. 기획전시실에서는 조선시대 선조가 직접 쓴 글씨와『홍길동전』『심청전』등의 한글소설을 볼 수 있으며, 조선 후기 인쇄술을 살펴볼 수 있는 한글 목판이 전시되어 있다. 상설전시실은 청동기부터 통일신라시대까지의 토기 유물들과 고구려부터 조선시대까지의 기와와 옹기류, 불교 제례에 쓰인 금고(북 모양의 종), 백자와 청자 등을 전시한다.

자극적인 대중문화와 LTE급 속도에 익숙해진 젊은 세대들에게는 조금 지루할 수도 있는 공간이겠지만, 꼭 필요한 것이니 두 눈 크게 뜨고 잠시만 견뎌주기를 바란다. 한창기 선생이 선물한 우리 문화와 선현의 숨결을 한점 한점 만나보는 동안 어느덧 숙연해지는 마음을 감출 수 없을 것이다. 우리 것을 향한 그의 신념은 오늘날 무엇보다 소중한 유물로 남아 있다.

알고 가면 더 좋다

뿌리깊은나무박물관의 전시물들은 서울 성북동의 '뿌리깊은나무유물관'에 전시되었던 것을 순천시에서 기증받아 새롭게 꾸린 것이다.

박물관 야외에 있는 고택 '수오당'은 구례향제줄풍류 예능보유자였던 고故 백경 김무규의 가옥으로 백경의 고향 전남 구례에서 2006년 옮겨왔다. 영화 〈서편제〉에서 주인공 송화가 아버지 유봉과 함께 머물렀던 곳으로, 유봉이 구음을 부르는 장면을 이 고택에서 촬영했다.

청동기시대의 '별모양 돌도끼', 일제강점기의 '옹기양념단지', 한글과 한자가 혼용된 '정순왕후국장반차도', 한창기 선생이 마지막으로 수집했던 '백자청화 매죽문필통' 등 문화재급 유물부터 서민 생활용품까지 시대도 종류도 다양한 유물들이 가득하다.

종합교양지 『뿌리깊은나무』는 국내 최초의 한글만을 사용한 잡지로 우리 문화와 우리말에 대한 속 깊은 애정을 다양한 콘텐츠로 담아냈다. 비록 1980년 신군부에 의해 폐간되었지만 전통을 향한 신념과 열정은 당시 많은 독자의 마음을 사로잡았다.

순천 주민 추천 ★★★☆☆

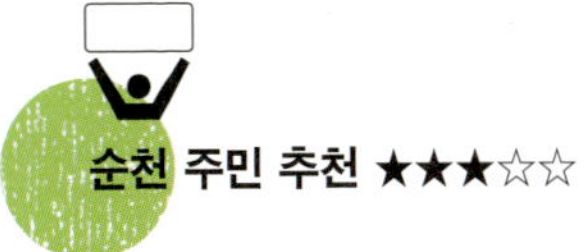

"사실 내 앞길만 바라보는 요즘 세상에서 우리의 옛것을 사랑한다는 게 쉬운 일은 아니지요. 그래도 고 한창기 선생의 정신을 배워, 그 반의반이라도 따라가야 하지 않겠어요? 우리말, 우리 문화, 우리가 아니면 누가 지킨답니까."

- **주소** 순천시 낙안면 평촌3길 45
- **입장시간** 9:00~18:00
- **휴일** 매주 월요일
- **입장료** 1000원
- **평균 소요시간** 1~2시간
- **문의** 061-749-8855

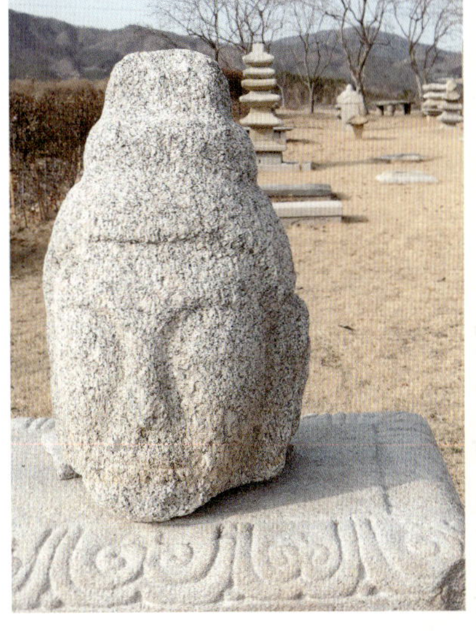

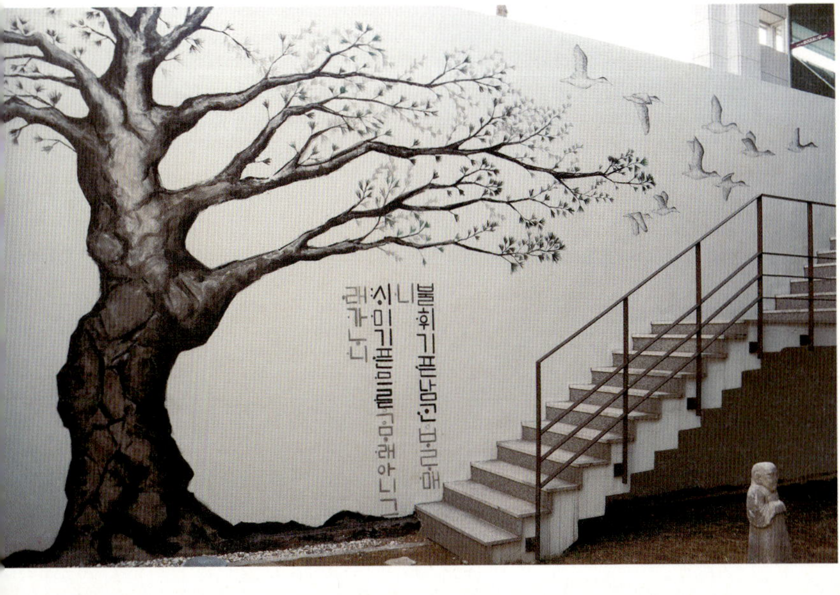

금강암

순천시 낙안면을 에두르는 금전산 위에 자리한 자그마한 암자 금강암金剛庵. 지금은 허름한 집 한 채로 남은 작은 암자지만, 그 굴곡진 역사는 대형 사찰 못지않다. 백제 위덕왕 때 검단선사가 창건하고, 신라 의상대사가 중수하고, 고려 때는 보조국사가 거쳐갔던 호남 제일의 관음기도 도량이었던 이곳은 안타깝게도 여수·순천 사건(이하 여순사건) 때 불타버렸다. 1992년, 그 터에 작은 절집 하나 지어놓은 게 다시 암자가 되었다. 절집이라기보다는 소박한 살림집 같은 이 암자는 그 자체로는 빼어난 모양새는 아니지만, 주변의 수려한 경치 덕분에 보통 아름답게 느껴지는 게 아니다. 새파란 하늘을 지붕으로 두고, 금전산의 산세를 기둥으로 삼아 산 아래 들판을 마당으로 펼치고 있다. 여기에 산새 소리 한 자락 더해지면 '풍경'은 '절경'으로 업그레이드된다.

사실 금강암은 금전산 정상에 오르기 전, 몸을 앉히고 마음의 휴식을 얻어가는 정도로 잠시 거쳐가는 게 보통이다. 잠깐 머무르는 자리더라도 작은 돌탑 하나 놓치지 말고 감상해보자. 쓰러진 바윗덩어리가 절묘하게 만들어낸 극락문이나 금강암의 둥지가 되어주는 낮고 견고한 돌담이 그러하다. 관음보살상이 새겨진 의상대는 최고의 전망대가 되어주고, 금강모종의 종소리는 닫힌 귀를 열어주며, 마주치는 스님의 합장은 거친 숨을 다독이는 격려로 다가온다. 높이 힘겹게 오른 만큼 깊고 포근한 쉼이 있다.

알고 가면 더 좋다

금강암에는 지하수를 마실 곳이나 화장실이 따로 설치되어 있지 않다. 산에 오르기 전 미리 준비를 하자.

금강암에서 바라보는 낙안면의 경치만큼은 대단히 기대해도 좋다. 금강암 오른편 원효대에서 내려다보면 낙안읍성민속마을과 동교저수지, 낙안벌이 넓게 펼쳐진다.

알다시피 암자는 스님들이 도를 닦는 공간이다. "야호!" 하고 외치거나, 암자 내부를 찰칵찰칵 열심히 촬영하는 행위는 금지다. 스님의 수행을 방해하지 않는 선에서 조용히 쉬어가는 모범 여행자의 면모를 보여줄 것.

금강암은 금전산(668m) 정상 바로 아래에 자리하고 있다. 금전산 정상으로 가는 등산로 중 가장 빠른 길은 낙안온천에서 출발하는 코스로 1시간 20분 정도 소요된다. 빠른 길이기는 하지만, 경사가 심한 구간이 많아 산행 시 세심한 주의가 필요하다. 낙안읍성민속 마을에서 낙안온천까지는 16번이나 61번 버스를 이용하면 된다.

비가 그친 후 금강암 의장대에 올라 자연석조여래좌상을 찾아보자. 움푹 파인 바위 위로 물이 고인 형상이 영락 없는 부처님이다.

순천 주민 추천 ★★★★☆

"금강암이 있는 금전산(金錢山)을 한자 그대로 풀이하면, '금으로 된 돈 산'이지요. 금전산에 올랐던 사람이 로또 1등에 당첨이 됐다고 '로또산'이라고 부르기도 합니다. 속설이기는 하지만, 정상까지 꼭 올라가보세요. 혹시 모르죠. 어디서 돈벼락을 맞을지도."

- **주소** 순천시 낙안면 조정래길 933-100
- **입장시간** 언제든 상관없지만, 해지기 전에는 내려올 것
- **입장료** 없음
- **평균 소요시간** 3~4시간
- **문의** 순천시 관광진흥과 061-749-4634

도시에 없는 친자연형 체험 세트
순천꽃마차마을

여행의 즐거움은 '특별한 체험'을 통해 확장된다. 내가 자발적으로 움직여 무언가를 만지고 배우고 감각하는 오직 나만을 위한, 나로 인한 체험이라면 더욱 그렇다. 천혜의 자연과 옛 정취가 살아 있는 순천꽃마차마을에서는 그런 특별한 체험을 마음껏 누릴 수 있다. 순천을 대표하는 우수농촌체험마을로 지정됐을 정도로 다양한 농촌 체험 프로그램을 보유하고 있다.

농촌을 체험한다는 것은 곡식이 자라나는 땅을 체험한다는 것이고, 농촌 마을의 인심을 체험한다는 것이며, 산과 들판의 곤충과 동물을 체험한다는 것이다. 봄에는 나물을 캐러 산에 오르고, 여름에는 냇가에 나가 물고기를 잡고, 가을에는 장대를 들고 감을 딴다. 추운 겨울에는 옹기종기 모여앉아 밤을 구워먹는다. 특히 마을의 명물 '꽃마차'를 타고 마을을 구경하는 '꽃마차관광'은 아이들에게 인기 만점이다.

지극히 자연적인 마을 경관은 그 안에 머무는 것만으로도 특별한 체험이 된다. 철쭉과 봉선화가 흐드러진 마을 입구에는 400년 된 당산나무가 시원한 안식처를 펼쳐두고 있다. 훼손되지 않은 돌담길 위로 노란 호박꽃이 피어나고, 야산에는 너구리, 오소리, 산토끼가 성큼 뛰논다. 아침을 깨우는 뻐꾸기 울음소리나 졸졸졸 시냇물 소리는 마음에 청량감을 더해준다. 산과 물과 들꽃에 하루쯤 나를 맡기고 나면 한동안 심신은 내내 '맑음'이다.

알고 가면 더 좋다

아이들을 위한 체험이 다수이지만, 농촌이 낯선 어른도 체험에 참여할 수 있다. 체험에 따라 참여 인원에 제약이 있으니, 예약 시 확인은 필수다.

순천꽃마차마을의 본래 지명은 '금산마을'이지만, 드넓은 초지를 갖춘 승마장이 있어 '꽃마차'라는 이름이 붙었다.

마을에 한옥민박 집 열 채가 있다. 이왕이면 하루쯤 머물며 다양한 체험 프로그램을 즐겨보자. 첩첩산중에 자리한 이곳에서라면 달콤한 꿀잠에 빠질 수 있을 테다.

봄에는 화전놀이, 산나물 채취, 모내기 체험을 할 수 있고, 여름에는 물고기 잡기, 물총놀이, 풀잎 공예, 습지 탐험, 곤충 체험을 할 수 있다. 가을에는 밤 줍기, 감 따기, 고구마 캐기, 굴렁쇠 굴리기, 벼 베기 체험을 할 수 있으며, 겨울에는 메주 만들기, 썰매 타기, 사물놀이, 감자 캐기 등을 할 수 있다. 이밖에 승마와 가축 체험, 압화 만들기는 사계절 모두 가능하다.

점심에는 고사리, 도라지, 토란대, 표고버섯 등 자연에서 채취한 나물로 차린 시골밥상으로 건강하게 배를 채우자.

"귀여운 동물이랑 신기한 곤충이랑 시원한 냇가까지, 도시에서는 누릴 수 없는 친자연적인 놀이를 잔뜩 경험해볼 수 있으니 얼마나 신납니까. 아이들뿐만 아니라, 어른들도 아주 재미있다고 하더라고요."

- **주소** 순천시 낙안면 금산길 64
- **입장시간** 언제든
- **입장료** 체험 비용 5000~7000원
- **평균 소요시간** 머무르는 만큼
- **문의** 070-7795-7064,
  www.꽃마차마을.kr

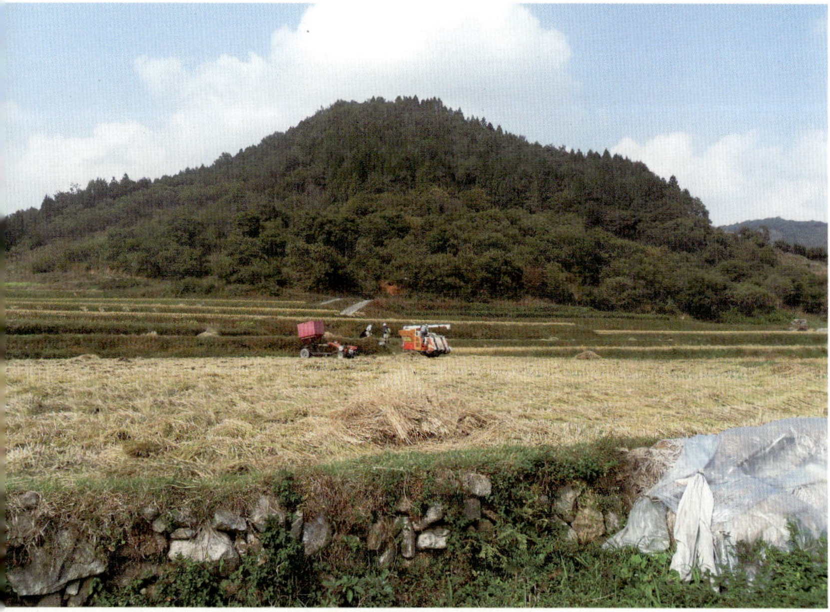

여기서 쉬다 갑시다

국립낙안민속자연휴양림

온종일 돌아다닌 여행자의 묵직한 여독을 풀기 위해서는 세 가지 요소가 필요하다. 첫째, 교통편을 알아보고 호기심을 해결하느라 잔뜩 지쳐 있을 머리를 깨끗하게 씻어낼 '맑은 공기', 둘째, 아무렇게나 몸을 던져 눕혀도 포근하게 나를 받아줄 '안락한 방', 셋째, 아쉬운 하루의 여운을 마저 채워줄 '아름다운 풍경'. 여기에 옵션으로 흥을 더해줄 한잔 술과 맛있는 요리까지 마련된다면 금상첨화겠다.

한잔 술과 맛있는 요리까지는 아니더라도, 여독 해소의 기본 3요소를 정확하게 보유하고 있는 곳이 있으니, 바로 국립낙안민속자연휴양림이다. 낙안의 2대 진산으로 꼽히는 금전산 기슭에 위치하니 맑은 공기는 철철 넘쳐나고, 깔끔한 독채로 만들어진 숲 속의 집은 몸을 눕히기에 충분히 포근하다. 지천에 널린 초록 나무와 꽃무더기, 나비, 산새 덕분에 풍경 역시 아름답기 그지없다.

게다가 야영 데크, 야외 샤워장과 화장실, 잔디광장, 물놀이장, 체험학습장, 체육시설 등 부대시설도 잘 갖추고 있어 특별히 불편을 느낄 일도 없다. 방문객들을 위해 여름에는 물놀이장과 산림학교를 운영하고, 3월부터 10월까지는 무료로 숲해설을 제공한다. 단체나 가족 단위는 물론 개인 예약도 가능하다.

국립낙안민속자연휴양림은 편안한 숙소의 개념으로 접근해도 좋지만, 여행지로 방문해도 나쁘지 않다. 휴양림 등산로 따라 금전산 정상과 금강암에 오를 수 있고, 계곡 바위에 드러누워 잠시 낮잠도 즐길 수도 있으니 말이다. 비라도 쏟아지는 날에는 기암 사이로 힘차게 폭포수를 내뿜는 처녀폭포의 장관을 마주할 수도 있다.

● **위치** 순천시 낙안면 민속마을길 1600
　　순천종합버스터미널에서 63번, 68번 버스 이용
● **예약 및 문의** 061-754-4400

따뜻한 포옹이 필요하다면

낙안온천

힘든 산행으로 근육이 뭉쳤거나, 무리한 일정으로 몸살에 걸렸거나, 이도저도 아닌 기분에 가슴속이 갑갑할 때, 나를 가만히 안아줄 따뜻한 품이 그리워질 테다. 따뜻한 기운이 간절하다 한들, 여행지에서 이름도 모르는 낯선 사람에게 한 번만 포옹해달라고 부탁할 수도 없는 법. 멀쩡한 정신으로는 불가능한 일이다. 그럴 때, 갑작스럽게 찾아온 피로와 한기와 설움에 몸이 부들부들 떨릴 때, 낙안온천을 찾아가자. 금전산 중턱에 위치한 낙안온천은 순천을 찾는 모든 여행자에게 가장 따뜻한 포옹을 선사해줄 것이다.

지하 830미터에서 끌어올린 알칼리성 100%의 온천수는 피로와 스트레스, 덤으로 마음속 걱정까지 말끔하게 씻어준다. 사실 치유라는 게 뭐 별거인가. 깨끗한 자연이 선사한 온천수에 몸을 맡기고 아무 고민 없이 한두 시간 뜨끈한 명상을 즐기고 나면, 나른해진 심신에도 새로운 에너지가 솟아오를 테다. 특히 낙안의 온천수는 유황, 게르마늄, 중탄산나트륨, 칼슘 등 피부에 유익한 13가지 이상의 광물질이 함유되어 있어 피부에 좋다. 더군다나 금전산 등산로의 시작점에 위치해 등산을 마친 후 내려와 산행 피로를 해소하기에도 딱 좋다.

온천욕을 마치고 옥상 전망대에 올라 낙안을 내려다보는 흐뭇한 기분도 빼놓을 수 없다. 요람에 몸을 누이듯 따뜻하고 매끄러운 온천수에 나를 폭 안기고 나면, 당신의 순천이 더욱 사랑스러워 보일지 모른다.

● **위치** 순천시 낙안면 조정래길 933
　순천역에서 16번, 61번, 63번, 68번 버스 이용
● **예약 및 문의** 061-753-0035

낙안읍성의 별미, 팔진미정식은?

이순신 장군이 낙안읍성을 찾을 때마다 마을에서 나는 여덟 가지 재료로 음식을 만들어 정성껏 대접했다 하여 '팔진미'라는 이름이 붙었다. 낙안 땅에서 나오는 여덟 가지 귀한 재료인 석이버섯, 고사리, 도라지, 더덕, 미나리, 무, 녹두묵, 붕어 등을 기본으로 하고 있지만, 계절에 따라 재료는 조금씩 달라진다. 읍성 내 장터와 주변 식당가에서 푸짐한 팔진미정식을 맛볼 수 있다.

향토음식촌

낙안읍성민속마을 내에 향토음식 전문점 군락이 있다. 1, 2, 3, 4호까지 총 네 개의 난전음식점이 모여 있다. 1호점은 국밥 전문, 2호점은 죽과 두부 전문, 3호점은 팔진미정식과 백반 전문, 4호점은 한식 전문으로 입맛에 맞춰 골라 먹을 수 있다. 옛 주막을 연상케 하는 정겨운 외관부터 맛깔스러운 음식까지 모두 만족스럽다.

- **가는 길** 낙안읍성 내 임경업 장군 비각 맞은편
- **주소** 순천시 낙안면 충민길 30
- **문의** 061-754-3150
- **휴일** 연중무휴

민속토담

대학 시절, 푸근하고 인상 좋은 주인아주머니가 밥을 퍼주던 학교 앞 식당처럼 부담 없이 찾아갈 수 있는 식당. 짱뚱어탕과 꼬막정식을 비롯해 불백, 생선구이, 추어탕, 육개장까지 어떤 메뉴를 선택해도 기분 좋게 먹고 나올 수 있다. 사장님 손맛에 한 번 반하고, 따뜻한 친절에 또 한 번 반한다.

- **가는 길** 낙안읍성 동문 앞 50미터
- **주소** 순천시 낙안면 삼일로 55
- **문의** 061-754-3250
- **휴일** 연중무휴

선비촌

- **가는 길** 낙안읍성 정류장 옆
- **주소** 순천시 낙안면 삼일로 51
- **문의** 061-754-2525
- **휴일** 연중무휴

38년 2대째 손맛을 이어오는 떡갈비 전문점. 낙안 맛집 1순위로 관광객들의 발길이 끊이지 않는다. 이미 매스컴을 통해 이름을 널리 알린 바 있다. 떡갈비정식을 비롯해 자연정식, 굴비정식 등 정갈하고 고급스러운 정식 메뉴를 선보이며 조미료를 사용하지 않는 깨끗하고 담백한 맛이 장점이다. 특히 주력 메뉴인 떡갈비에는 다진 부추와 매실 진액, 인삼 가루가 첨가되어 있어 웰빙 요리로도 손색이 없다. 모든 정식 메뉴에 제공되는 양념꽃게장과 꽃게를 넣고 끓인 배추된장국도 일품이다.

고향보리밥

식당 이름에서 설명하고 있듯이 대표 메뉴는 보리밥이다. 시골 할머니 댁에서 먹던 구수한 보리밥 밥상을 맛볼 수 있다. 직접 담근 된장으로 걸쭉하게 끓여낸 된장국과 매콤달콤한 제육볶음, 그리고 아삭아삭한 채소류가 밥상을 채운다. 각종 젓갈류와 장아찌, 나물류도 푸짐하게 따라온다. 기호에 따라 비빔 그릇을 주문해 고추장과 채소를 넣어 비벼 먹을 수 있다. 주머니는 가벼운데 배는 든든히 채우고 싶다면, 고향보리밥이 정답이다.

● **가는 길** 민속주유소에서
  낙안초등학교 방향 작은 사거리
● **주소** 순천시 낙안면 삼일로 34
● **문의** 061-754-3419
● **휴일** 연중무휴

낙안읍성 민박촌

낙안읍성 안팎으로 무수한 민박집이 있지만, 기왕이면 읍성 내의 민박집을 골라 묵어보자. 하루쯤은 펜션 저녁의 바비큐 파티를 포기하고, 낮은 초가지붕 아래 솜이불을 덮고 잠들어보는 건 어떨까. 수탉의 울음과 멍멍이 짖는 소리에 아침잠을 설쳐보는 것도 나름 신선한 낭만이 되어줄 테니 말이다. 이른 아침 마당 가득 차오르는 이슬 젖은 흙내음도 잔뜩 취해볼 일이다.

- **가는 길** 낙안읍성민속마을 내
- **주소** 순천시 낙안면 충민길 30
- **예약 및 문의** 낙안읍성민속마을 홈페이지 nagan.suncheon.go.kr

풀밸리펜션

순천 유일의 계곡 펜션. 3000여 평 규모의 너른 펜션 부지 덕분에 휴양림에 놀러 온 듯하다. 계곡 물놀이는 물론이고, 도보로 3분 거리에 위치한 저수지에서 붕어 낚시를 즐길 수도 있다. 순천만, 낙안읍성, 송광사, 선암사 등 주요 관광지의 중앙지점에 있어 차로 20분이면 이동이 가능하다. 자연 속에서 상쾌한 힐링을 즐기고 싶다면 풀밸리가 적격이다.

- **가는 길** 국립낙안민속자연휴양림 맞은편
- **주소** 순천시 낙안면 민속마을길 1613
- **예약 및 문의** 010-6611-2080, www.풀밸리.com

비송펜션

펜션의 외관이 마치 청와대와 흡사해 '낙안읍성의 청와대'라고 불린다. 가지런히 쌓아올린 기와와 테라스에서 바라보는 경치는 비송펜션의 자랑. 제각각 인테리어를 달리하는 13개의 객실은 이 방 저 방 골라보며 예약하는 재미까지 안겨준다. 순천의 아름다운 자연을 내려다보며 즐기는 바비큐 파티는 비송펜션에서만 맛볼 수 있다.

- **가는 길** 국립낙안민속자연휴양림에서 낙안읍성 방면 500미터
- **주소** 순천시 낙안면 민속마을길 1660
- **예약 및 문의** 061-754-5530, www.beasong.com

숨은 전통 체험 찾기

낙안읍성 체험 프로그램

길쌈공예 체험(상설)

물레를 돌리고 삼베를 짜보며 옛 선조들의 섬세한 지혜를 체험해보자. 옷감을 한 벌 얻기 위해 얼마나 많은 손길과 정성이 더해졌을지 잠시나마 느껴볼 수 있겠다.

● **비용** 무료　● **소요시간** 20분가량

대장간 시연(상설)

풀무질과 농기구 제작 시연을 감상할 수 있다. 쇠를 달구고 두드려 모양새를 만드는 모습은 뭐든 순식간에 뚝딱 만들어내는 자동화 시스템에 익숙해져 있던 우리에게 참신한 감동을 전해준다.

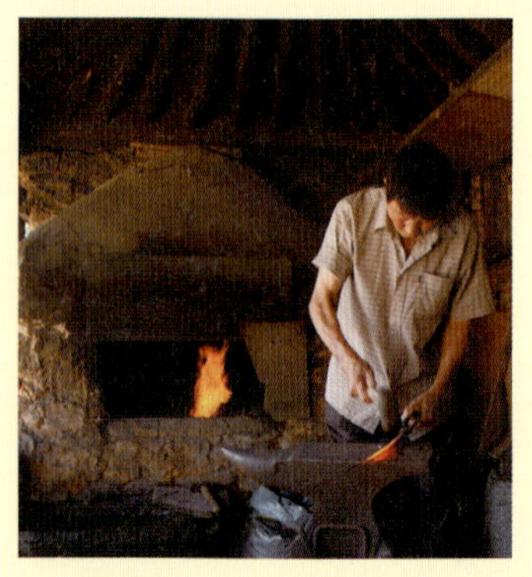

● **비용** 무료　● **소요시간** 20분가량

국악 체험

우리의 가락을 체험하는 것은 우리의 정서를 더욱 깊이 이해하는 일. 국악체험을 통해 판소리와 장구, 북 등을 배워볼 수 있다. 국악체험으로 여행에 흥을 더해볼 일이다.

● **비용** 무료　　● **소요시간** 30~40분가량

낙안서당 체험(상설)

붓글씨 쓰기, 전통예절교육 등 서당에 앉아 훈장님의 가르침을 받아보자. 붓글씨를 써내리는 동안 번잡했던 마음은 가지런하게 될 테다.

● **비용** 무료　　● **소요시간** 20분가량

전통예절과 다도 체험(주말)

한복 바르게 입기, 배례법, 행다법 등 전통예절과 다도 체험을 할 수 있다. 절을 하고 차를 나누며, 공경과 존중의 참 의미에 대해 다시금 생각해보자.

● **비용** 무료　　● **시간** 주말 14:00~17:00

● **문의** 061-749-8831, http://nagan.suncheon.go.kr/nagan

04 조계산권
번뇌에서
해탈까지
걷는
순천

선암사와 송광사, 사찰에서 사찰까지 걷는 코스
선암사
걸어서 15분
순천전통
야생차체험관
걸어서
1시간 20분

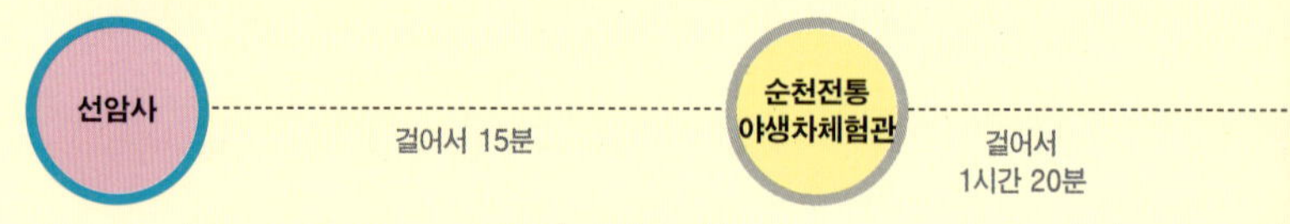

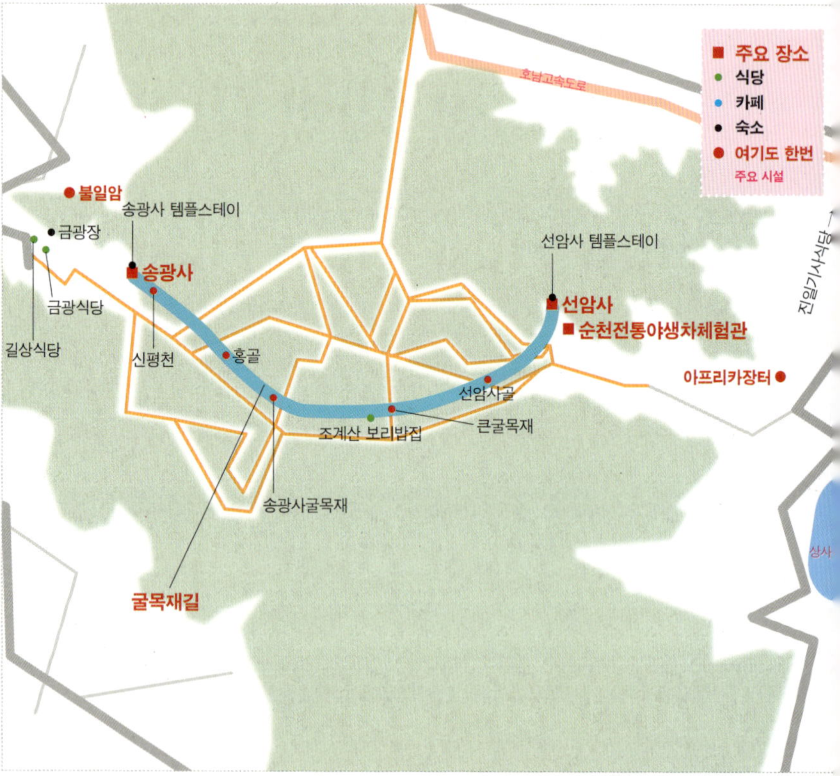

주요 장소
식당
카페
숙소
여기도 한번
주요 시설
호남고속도로
불일암
금광장
송광사 템플스테이
선암사 템플스테이
금광식당
송광사
선암사
길상식당
순천전통야생차체험관
신평천
홍골
아프리카장터
선암사골
조계산 보리밥집
큰굴목재
송광사굴목재
굴목재길
진일기사식당
상사

걷기 난이도 ★★☆☆☆

사찰을 둘러보고 차를 마시는 일이라 별로 힘들지 않다. 하지만 딱 하나, 굴목재길을 거쳐 가는 동안에는 사소한 인내가 필요하긴 하다. 몇 번의 오르막이 서너 번 숨을 몰아쉬게 할 테니 말이다.

언제 가면 좋을까

사계절 모두. 특히 선암사는 사계절 내내 꽃을 피워 '꽃절'이라 불릴 정도다. 선암사에서 송광사로 넘어가는 굴목재길도 사계절 내내 아름다운 숲길을 내어준다. 단, 무더운 8월이나 추위가 절정인 1, 2월에는 장거리 트레킹을 자제하는 게 좋겠다.

본격적인 여행에 앞서

1. 선암사와 송광사로 시내버스가 자주 다닌다. 순천역에서 선암사는 1번(배차 간격 30분), 순천역에서 송광사는 111번(배차 간격 30~40분) 버스를 이용하면 된다. 간편하게 숫자 1만 기억하면 되겠다.

2. 송광사에서 여행을 시작할 경우 송광사를 둘러본 뒤 입구 식당가에서 식사하는 것이 좋고, 선암사에서 시작할 경우 굴목재길 중간에 나오는 보리밥집이 유일한 식당이니 이곳을 지나치지 말고 식사하는 것이 좋다. 단 두 경우 모두 굴목재길을 걷기 전 마실 것을 준비해야 한다. 숙박업소의 경우 낡은 여관이나 민박인 경우가 대부분이니 조금 더 깨끗하고 편리한 숙소를 원한다면 시내로 이동할 것을 권한다.

3. 선암사와 송광사 모두 오후 6시 이후에도 입장할 수는 있다. 하지만 매표소에서 일주문까지 짧지 않은 길이고 가로등이 거의 없어 위험할 수 있으니 주의하자.

★ **선암사는 매화꽃이 흐드러진 3월 하순이 가장 아름답다.** 수령이 350~650년에 이르는 선암사 토종 매화의 꽃을 보려면 시기를 잘 맞춰야 한다. 물론 3월이 지났다고 아쉬워할 필요는 없다. 선암사는 4월과 5월에도 벚꽃, 영산홍, 자산홍으로 향기로운 감동을 이어간다.

★ **선암사에 가면 '뒤깐'에 들러보자.** 다른 사찰과 다르게 이름부터 뒤깐이다. 우리나라 사찰 재래식 해우소 중에서 외관이 가장 아름답고 그 속이 깊어 지방문화재로도 지정된 건물로 내 안의 묵은 오물과 함께 마음의 번뇌까지 버리고 가는 곳이다. 시인 정호승도 '눈물이 나면 기차를 타고 선암사로 가라 선암사 해우소로 가서 실컷 울어라'고 선암사 뒤깐을 시로 표현한 바 있다.

★ **맑은 공기 마시며 명상을 하자.** 선암사와 송광사를 잇는 굴목재길에는 편백나무와 대나무가 군락을 이루고 있다. 유명세에 비해 북적이지 않아 깨끗한 공기를 마시며 명상하기 좋다. 허기가 질 때쯤 만나는 산속 보리밥집은 보너스다.

★ **송광사를 방문했다면 불일암도 빼놓지 말자.** 불일암은 법정 스님이 기거했던 송광사의 산내 암자다. 불일암 후박나무 아래 잠든 법정 스님의 무소유 정신을 기억하며, 돌아내려오는 '무소유의 길' 위로 가슴에 쌓인 욕심을 한 줌씩 던져버리는 건 어떨까.

송광사 템플스테이

송광사

아프리카장터

선암사

예뻐도 이렇게 예쁜 절이 또 있을까. 우거진 숲과 맑은 계류를 지나 일주문에 다다르기까지, 한 발 내디딜 때마다 설렘은 고조된다. 휘어지듯 오르는 오르막에서 갑작스레 마주하는 일주문부터 그 미모가 예사롭지 않다. 다른 세계로 통하는 길목인 듯, 살짝 이국적이면서 몽환적인 분위기다. 일주문을 지나 범종루와 만세루를 거쳐 대웅전의 마당에 들어서기까지 감탄이 폭죽처럼 터져나온다. 단아하면서도 묵직한 힘이 느껴지는 공간들. 꽃으로 치자면 막 지기 직전 온 힘 다해 향기를 전하는 매화를 닮았고, 사람으로 치자면 옛 동네 길목에서 문득 마주친 첫사랑을 닮았다. 날씨로 치자면 안개와 햇살이 적당히 어우러진 10월의 아침이랄까.

오밀조밀 모여 있는 독특한 사찰은 대웅전 앞뜰도 그리 넓지 않다. 두 기의 3층석탑을 격에 맞게 두었고, 앞에는 기다란 강당을, 좌우에는 요사와 선방을 두었다. 위엄 있는 여느 대웅전의 느낌과는 달리 정숙하고 다정한 느낌이다.

조계산의 부드러운 능선도 선암사의 아늑한 경관에 한몫 보탠다. 고색이 창연한 지붕과 현판 위로 조계산에서 흘러내린 가을빛이 뒤섞인다. 붉다, 노랗다, 하얗다, 뭐라 정의할 수 없는 빛깔이 선암사를 뒤덮는다. 태고종 천년고찰인 만큼 긴 세월 거치면서 소실된 부분도 많지만, 남아 있는 세월의 흔적은 모두 꽃처럼 아름답게 활짝 피었다.

알고 가면 더 좋다

조계산 선암사는 백제 성왕 5년(527년)에 아도화상이 처음 짓고 해천사라 하다가, 신라말 도선국사가 재건하여 선암사라 불렀다.

선암사는 토종매화 산지로 350~650년의 세월을 견뎌낸 매화나무 '선암매'가 있다. '매화를 보기 위해 선암사를 찾는다'는 말이 있을 정도로 매화가 필 무렵인 3월 말부터는 매화 방문객으로 북적거린다.

선암사의 가장 큰 특징은 삼무三無, 즉 세 가지가 없다는 것이다. 첫째 선암사에는 사천왕문이 없다. 조계산의 주봉이 장군봉이라 장군이 지켜주기 때문에 불법의 호법신인 사천왕상을 굳이 만들 필요가 없었다는 이유에서다. 둘째 협시보살상이 없다. 대웅전 석가모니불은 항마촉지인(악마를 항복하게 하는 손가락 모양)을 하고 있다. 탐진치(탐욕, 노여움, 어리석음) 삼독을 멸하고 마구니에게 항복을 받았으므로 협시보살상을 두지 않았다. 셋째 어간문이 없다. 어간문이란 대웅전 정중앙에 있는 문인데, 부처님처럼 깨달은 사람만이 이 어간문을 통과할 수 있다 해서 어간문을 만들지 않았다.

선암사 무우전 뒤편 북암으로 오르는 길목에 선암사 중수비가 있

다. 임진왜란으로 소실되었던 선암사를 승려 약휴가 1698년(숙종
24년)부터 8년 동안 중수했는데, 선암사를 성심으로 보호했던 약
휴를 기념하기 위해 1707년에 중수비를 건립했다.

선암사로 오르는 길목에 전설 속의 다리 승선교가 있다. 숙종 24
년 호암대사가 관음보살을 보기를 바라며 백일기도를 하였지만,
뜻이 이루어지지 않자 좌절하여 벼랑에서 몸을 던지려 했는데, 관
음보살이 나타나 대사를 구하고 사라졌다고 한다. 호암대사는 이
를 기념하기 위해 절에 원통전을 세워 관음보살을 모셨고, 절 입
구에 아름다운 무지개다리 '승선교'를 세웠다고 한다.

바람이 불지 않는 날 승선교 아래 계곡으로 내려가보면 물에 비
친 원통전을 발견할 수 있다. 다리 아래 매달린 용의 얼굴도 찾아
보자.

발품 팔아 산사를 한두 바퀴 돌고 나면, 엉덩이 붙여 쉴 자리부터
찾게 될 것이다. 선암사 삼인당 연못 앞으로 가면 자그만 찻집 선
각당이 있다. 잔잔한 음악이 흐르는 실내에 원목 테이블이 찻집을
더욱 아늑하게 한다. 산사를 벗어나기 전 선각당에서 여운을 달래
보자.

순천 주민 추천 ★★★★★

"선암사는 사찰 전통문화가 가장 많이 남아 있는 절의 하나로 아기자기하고 편안한 분위기가 일품이죠. 선암사 경내에서만 볼 수 있는 연못 양식을 가진 '삼인당'의 고즈넉한 풍경도 빼놓지 마세요."

● **주소** 순천시 승주읍 선암사길 450
● **입장시간** 18:00까지
● **입장료** 2000원
● **평균 소요시간** 2시간
● **문의** 061-754-5247, www.seonamsa.net

승선교

차 향기에 취하고, 고요에 걸터앉다
순천전통야생차체험관

천년고찰 선암사로 가는 길목에 조선시대 양반집을 닮은 전통 한옥이 하나 있다. 언뜻 수백 년은 되었음직한 고택처럼 보이나, 가까이 다가가니 대문에 붙은 순천전통야생차체험관 현판이 눈에 들어온다. 순천 야생 녹차의 우수성을 알리기 위해 조성된 체험관으로 순천시 관광진흥과에서 직접 운영한다. 체험관치고는 지나치다 싶을 만큼 분위기가 고상하지만, 그 세심하고 어여쁜 형상이 선암사 못지않다. 햇살이 사뿐히 스며드는 창가 아래 다기를 펼쳐놓고 잘 우러난 차를 한 잔 따라본다. 적막이 감도는 방 안에 조르륵 찻물 떨어지는 소리가 길게 울려퍼진다. 바람에 흔들리는 풍경처럼 그 소리가 깊고 은은하다.

이곳에서 시음할 수 있는 차는 순천시에서 직접 생산하는 야생 녹차다. 잠시 쉬어가며 차 한잔 음미하기에도 좋지만, 이곳은 차 만들기, 차 음식 만들기, 다례, 다도, 한옥 명상 등 다양한 체험을 함께 제공하는 만큼 직접 체험에 참여해볼 것을 권한다. 여러 번 차를 따라 마시는 동안 마음은 절로 명상의 경지에 올라선다.

느릿하게 향을 음미하고, 느릿하게 차의 온기를 느끼고, 느릿하게 생각한다. 고요한 조계산 자락 깊숙이 자리 잡고 있어 소음이나 공해, 그 무엇도 이 평화로운 순간을 방해할 것이 없다. 차 한잔을 마주하며, 내 안에 따뜻한 흐름을 한 줄 담아가는 건 어떨까.

알고 가면 더 좋다

 숙박도 가능하다. 가족실과 사랑채 단체실이 마련되어 있고 고가구나 다이얼 전화기 등 앤티크한 소품으로 방을 장식해 고풍스러운 분위기를 한층 강조했다.

선암사 매표소에서 선암사로 가는 언덕길 왼편에 순천전통야생차체험관 표지판이 보인다. 자칫하면 지나칠 수 있으니 두 눈 똑바로 뜨고 걸어갈 것. 선암사를 다 둘러보고 내려오는 길에 들르는 것이 좋다. 따뜻한 차 한잔으로 긴 산책의 피로를 해소해보자.

허균은 팔도의 명물 토산품과 별미음식을 소개한 책『도문대작屠門大嚼』에서 순천의 야생 녹차에 대해 "작설차는 순천산이 제일 좋고 다음이 변산이다"라고 표현했다. 순천전통야생차체험관에서 맛보는 차는 허균도 인정한 최고의 차라는 말이다. 차 시음과 다례 체험까지 2000원이면 OK다.

만에 하나 녹차를 싫어한다면, 굳이 차 시음을 하지 않더라도 입장이 가능하니 주저하지 말고 구경하자. 물소리 바람소리 어우러진 아늑한 전통 한옥을 바라보는 것만으로도 마음은 편안해지니 말이다.

순천 주민 추천 ★★★★☆

"순천 조계산 일대의 야생차는 전통기법을 이용해 수작업으로 만든 전통 덖음
차입니다. 풋내가 적고 담백하고 구수한 맛이 강하죠. 선암사에서 천년고찰의
멋을 감상했다면, 이제 순천 야생 녹차의 은은한 맛을 담아가세요."

- **주소** 순천시 승주읍 선암사길 400
- **입장시간** 9:00~18:00, 매주 월요일 휴관
- **휴일** 매주 월요일
- **입장료** 없음(다례 체험 2000원, 차 음식 만들기 5000원, 차 만들기 1만 원)
- **평균 소요시간** 2시간
- **문의** 061-749-4202, www.scwtea.com

굴목재길

굴목재길은 순천의 양대 사찰 선암사와 송광사를 잇는 고갯길이
다. 잘 뻗은 아스팔트길은 아니지만, 조계산 양편 기슭에 자리한
선암사와 송광사를 하루에 둘러볼 수 있도록 돕는 유일한 길이다.
조계산 최고봉인 장군봉을 넘진 않지만, 선암굴목재와 송광굴목
재라는 두 고개를 넘게 된다. 선암사를 시작으로 굴목재를 거쳐
송광사까지는 총 6.8킬로미터. 보통 3~4시간 정도가 소요된다. 반
대로 송광사를 시작점으로 삼아도 상관없다.

지금은 많은 사람이 오가는 길이 되었지만, 한때는 선암사와 송광
사 스님들이나 수시로 왕래하며 수행하던 길이었다. 조계산의 풍
경을 관통하며 가장 여행다운 여행을 할 수 있는 길로, 조용히 자
신을 되돌아보며 호젓한 걷기 여행을 즐길 수 있다. 봄이면 터진
꽃망울마다 향기가 쏟아지고, 낙엽 깔린 가을의 흙길은 푹신하니
걷기에도 좋다. 정상에 오르는 길이 아니니, 거친 숨을 뱉을 일이
없어 자연스레 사색과 명상이 이루어진다. 골짜기를 옆에 끼고 가
는 길인지라 동행하는 물소리는 청량감을 더해준다.

선암굴목재 너머 편백나무 숲길을 지나면 길은 다소 가팔라진다.
'명상'이 '다짐'이나 '반성'으로 바뀌는 순간이다. 그러다가 송광
굴목재에 이르면 다시 내리막길을 맞이한다. 이렇듯 아름다운 오
름과 내림이 공존하는 굴목재를 걷다보면, 삶이라는 굴곡진 여행
을 조금은 이해할 수 있을 듯하다.

알고 가면 더 좋다

굴목재길은 사실 역사의 아픈 상처가 있는 길이다. 1948년 여순 사건 이후, 많은 빨치산이 1950년까지 최후의 저항을 하다 이곳에서 목숨을 잃었다. 즉, 굴목재를 걷는 것은 역사의 상처 위를 걷는 일이기도 하다.

굴목재길은 선암사→선암사골→선암(큰)굴목재→보리밥집→송광굴목재→홍골→신평천→송광사로 이어진다. 표지판만 잘 따라가면 무사히 트레킹을 마칠 수 있다.

선암사를 둘러보고 굴목재길을 걸어 송광사까지 보고 싶다면, 이른 아침부터 일정을 시작하는 게 좋다. 하지만 다소 부담될 수 있으니 선암사와 순천전통야생차체험관을 먼저 보고 인근에서 하룻밤 묵은 뒤 출발하자.

선암굴목재를 넘어서면 조계산 보리밥집이 나온다. 3시간이 넘는 트레킹 코스 중 허기를 채울 수 있는 유일한 식당이다. 보리밥을 먹으려고 일부러 굴목재를 넘는 사람들이 있을 정도로 인기가 좋다. 이곳을 제외하고는 물을 마실 곳도 마땅치 않다. 굴목재를 걷기 전 음료를 꼭 준비하자.

순천 주민 추천 ★★★☆☆

"굴목재길을 '천년불심길'이라고도 합니다. 옛 스님들이 이 길을 오가며 마음을 수행했기에 그리 이름이 지어졌겠죠. 명상과 수행에도 좋지만, 다양한 자연 생태를 관찰하기에도 좋습니다. 유명한 편백나무 숲은 물론, 당단풍나무, 종가시나무, 가래나무, 벌개미취 등 숲에서 만나는 다양한 나무와 꽃을 살피다보면 지루할 틈도 없답니다."

- **주소** 순천시 승주읍 선암사길 450 또는 순천시 송광면 송광사안길
- **입장시간** 아침부터 해 떨어지기 전
- **입장료** 없음
- **평균 소요시간** 3시간
- **문의** 순천시 관광진흥과 061-744-8111

고요 위에 웅장을 덧칠하다
송광사

선암사와 함께 순천의 양대 사찰을 이루는 송광사는 아늑하고 예쁜 선암사의 모습과는 사뭇 다르다. 계곡 위에 지어진 누각인 우화루를 지나 사찰 경내로 진입하면 너른 마당이 나오는데, 대웅보전의 널찍한 앞마당은 마치 운동장을 연상케 할 정도다. 너른 앞마당을 품은 대웅보전 역시 승보사찰의 위엄에 맞게 거대하고 웅장한 맛이 있다. 절이라고 하기엔 거대하지만 거창하지 않으며, 고요하지만 쓸쓸하지 않다. 탁 트인 마당 위로 지금 막 채색을 끝낸 듯 파란 하늘이 너울거리고, 처마들이 겹겹이 정교하게 자리를 잡고 있다.

대웅보전 뒤편으로 돌아가면 고풍스러운 자태를 자랑하는 이색적인 전각이 사뿐히 모습을 드러내는데, 고종 때 설립한 관음전이다. 원래 고종의 환갑을 기념하여 만든 전각으로 황실의 기도를 올리던 곳이었다고 한다. 관음전 뒤뜰 언덕에 있는 보조국사 지눌의 감로탑에 오르면 숨겨진 명장면을 감상할 수 있다. 감로탑 언덕은 송광사의 전경을 내려다볼 수 있는 곳으로, 송광사의 크고 작은 지붕들이 감로탑 아래로 굴곡을 그리며 펼쳐진다. 건너편의 산세를 따라하듯 높낮이를 달리하며 겹겹이 이어지는 지붕들이 신비롭게 느껴질 지경이다. 위에서 내려다본 송광사는 마치 날개를 펼친 비둘기 무리를 닮았다. 그 안에 너른 평화가 있고, 조용한 울림이 있다.

알고 가면 더 좋다

전하는 연혁에 따르면 신라 말 혜린이 이곳을 창건했다고 한다. 당시 조계산은 '송광산'이었고, 절 이름을 '길상사'라 지었다.

창건 당시에는 그리 큰 규모가 아니었지만, 고려시대 보조국사 지눌이 이곳에서 수선사 결사운동(신앙적 반성에서 출발한 고려 후기 불교 신앙운동)을 벌이는 과정에서 대찰로 중창이 이루어졌다.

송광사는 삼보사찰三寶寺刹 중의 하나인 승보사찰로 유명하다. 삼보란 세 가지 보물(법보法寶, 불보佛寶, 승보僧寶)을 가리키며, 이는 각각 경전, 부처의 유물, 고승을 의미한다. 법보사찰로는 팔만대장경을 보관하는 해인사가 있고, 불보사찰로는 부처님의 진신사리를 모신 통도사가 있다. 송광사는 보조국사를 비롯한 16명의 국사를 배출한 연유로 승보사찰의 지위를 굳히게 되었다.

대웅보전 왼편 승보전은 송광사에만 있는 유일무이한 전각이다. 부처님과 10대 제자, 16나한, 1250명의 스님이 모셔져 있다.

일주문을 지나 우화루를 통과하기 전 계곡에 비친 우화루를 잊지 말고 감상하자. 마치 거울에 비친 것처럼 흔들림 없는 수면이 우화루 돌다리의 틈새까지 고스란히 반영하고 있다.

송광사에서는 매년 음력 3월 26일과 27일 이틀간 '3월불사'를 한다. 길고도 짧은 이틀 동안, 무수한 불자들 사이로 흐르는 엄숙과 경건의 기운에 조용히 젖어 있다보면, 욕심과 번뇌 등 속세의 때로 얼룩졌던 마음이 깨끗하게 씻겨내리는 듯하다.

조계문이라고도 불리는 일주문은 절의 규모를 생각하면 작아 보이지만 다포계 맞배지붕(건물의 모서리에 추녀가 없고 용마루까지 측면 벽이 삼각형으로 된 지붕)이 아름다운 모습을 자랑한다. 보통 가로로 쓰인 다른 현판과 달리 세로로 쓰인 것도 인상적이다.

송광사의 3대 명물 비사리구시, 능견난사, 쌍향수를 찾아보자. 비사리구시는 싸리나무로 만든 일종의 밥통인데, 무려 4천 명분의 밥을 담을 수 있다고 한다. 능견난사는 크기와 형태가 일정한 그릇으로 위로 포개도 아래로 포개도 딱 맞게 포개진다고 한다. 마지막으로 쌍향수는 수령이 800년에 달하는 것으로 추정되는 곱향나무로 지눌이 꽂아둔 지팡이라는 전설이 전해진다.

법정 스님이 기거했던 불일암을 비롯해 부도암, 감로암, 광원암, 인월암, 천자암 등 암자마다 나름의 운치와 특색이 있으니 한두 군데쯤 찾아가보는 것도 좋다.

남도를 대표하는 절답게 총 2만여 점의 국보와 보물급 문화재를 보유하고 있다. 사찰 안에 있는 성보박물관도 꼭 관람해보자.

순천 주민 추천 ★★★☆☆

"선암사를 먼저 보고 오셨다면, 송광사는 다소 건조하게 느껴질 수도 있어요.
하지만 송광사의 웅장함과 비범함이 또 다른 매력으로 다가올 것입니다. 특히,
보조국사 감로탑 위에서 송광사의 전경을 내려다보면, 송광사의 숨은 멋을 발
견하실 수 있을 겁니다."

- **주소** 순천시 송광면 송광사안길 100
- **입장시간** 19:00까지
- **입장료** 3000원
- **평균 소요시간** 2시간
- **문의** 061-755-0107, www.songgwangsa.org

송광사에서 보물 찾기

국보 제42호 목조삼존불감

보조국사 지눌의 것으로 불상을 모시기 위해 나무를 깎아 작은 규모로 만든 것이다. 중앙에는 여래좌상이, 좌우에는 보현보살과 문수보살이 협시하고 있다. 세밀한 조각기법이 돋보인다.

보물 제90호 대반열반경소 권9~10

부처님의 열반을 다루고 있는 경전으로 세조 때 간경도감(불경을 한글로 풀이해 간행하기 위해 설치한 기구)에서 목판에 다시 새긴 것이다. 우리나라 판본 연구에 귀중한 자료로 평가된다.

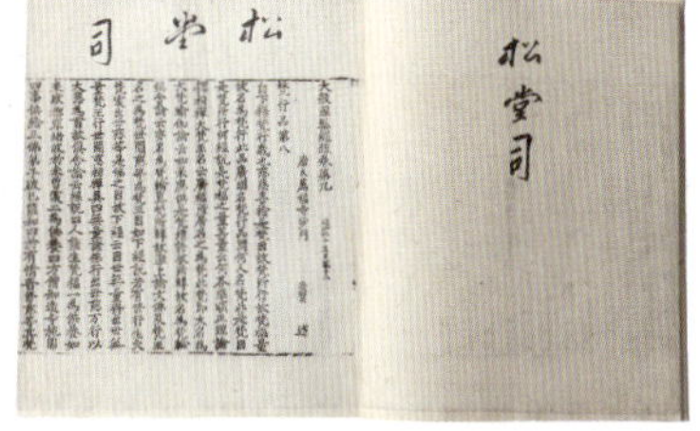

보물 제176호 금동요령 불가에서 의식을 행할 때 사용하는 도구로, 우리나라에 현존하는 요령 중 걸작에 속하며, 제작 연대 또한 가장 오래된 것으로 추정한다.

보물 제175호 경패

경패는 불경을 넣은 상자에
붙이는 일종의 이름표다. 원
감국사가 강화도 선원사의 거
란본대장경을 송광사로 이운
할 때 함께 옮겨온 것으로 우
리나라에는 몇 안 되는 특이
한 유물로 재질은 상아와 흑
단목이다.

보물 제572-2호 고려고문서-노비첩

수선사주 원오국사가
아버지 양택춘으로부
터 물려받은 노비를 수
선사의 대장경을 수호
하기 위하여 절에 바친
다는 내용. 충렬왕 7
년(1281년)에 작성한
것으로 닥나무 종이에
먹으로 썼다.

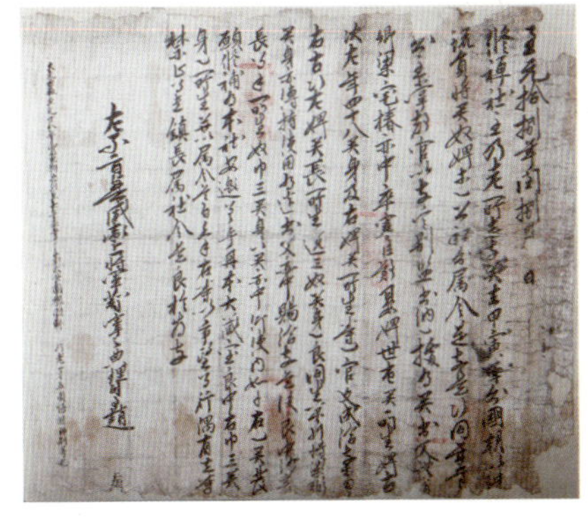

무소유를 꿈꾸는 길

불일암

송광사의 암자 중 불일암이라는 작은 암자가 있다. 본래 이름은 자정암이였으나 1975년 무소유의 삶을 실천하는 법정 스님이 중건하면서 불일암이 되었다. 산자락에 묻힌 자그마한 암자를 마주하고 있으면, 끓어오르던 번뇌도 천천히 고요 속에 묻히는 듯하다. 무소유길이라 명명된 불일암으로 오르는 길목에 펼쳐지는 편백나무 숲과 대나무 숲 또한 마음에 고요한 위안을 전해준다. 법정 스

님이 아끼던 후박나무가 바람에 밀려 깃발처럼 흔들리면, 마음은
무소유를 향해 미소 짓는다. 불일암으로 오르내리는 동안만이라
도 무소유의 마음을 품어보기 바란다.

위치 송광사 매표소를 지나 개천을 따라 걷다가 다리를 건너기 전 '광원암, 불일암
가는 길' 표지판 방향으로 진입하거나 경내의 요사채 화진당 옆 언덕길로 진입
문의 061-755-0107

여기도 한번 가보세요

장터야? 박물관이야?

아프리카장터

선암사에서 시내로 가는 길목, 시골마을과는 도통 어울리지 않는 기괴한 곳이 눈에 들어온다. 멀리서 보면 대형 고물상 같기도 한 이곳은 세상의 모든 것을 팔고 있는 멀티 장터다. 음악가이며 화가인 고전古田 김광섭 선생이 '아프리카장터'라는 이름으로 문을 연 박물관이기도 하다. 국내외를 떠돌며 수집한 수천 개 물건들이 산더미처럼 쌓여 있는데, 조각품, 그림, 고가구, 액세서리, 도자기, 항아리, 거울, 서적, LP판, 악기, 카메라 등 진짜 없는 것이 없다. 그중에서도 가장 눈에 띄는 것이 아프리카 토속 조각품이다. 입구에 세워진 목조 남성상과 여인상은 적도 기니에서 가져온 것으로 그 높이만 4미터에 달한다. 정확한 가격은 추정 불가하나, 학계에서는 40억 원 이상으로 평가하기도 했다. 이외에도 아프리카 국보급 조각품 등이 실내외 공간에 빈틈없이 전시되어 있다.

장터의 중앙에 동산처럼 세워진 설치미술품은 주인장이 직접 만든 작품 '인생길'이다. 재활용품을 활용해 탑으로 쌓은 형상인데, 우리가 삶 속에서 사용했던 물건들을 높이 쌓아 인생의 발자취를 돌아볼 수 있게 했다. 탑 내부에는 음악 시스템을 설치해 버튼을 누르면 음악이 흘러나온다. 탑 앞에 펼쳐진 빈 공간은 무료 노천 카페로 꾸려 방문객들에게 커피와 차를 제공한다. 날씨라도 궂으면 빈대떡을 부쳐 나눠 먹기도 한다.

정돈되지 않아 어수선하고, 정체성 없이 번잡한 분위기지만, 그 어수선하고 번잡한 분위기가 아프리카장터만의 특별한 재미다. 두리번거리고 뒤적거리며 보물을 찾는 기분이랄까. 먼지 앉은 LP판 무더기 속에서 찾은 이선희의 옛 앨범처럼 말이다.

● **위치** 승주읍 죽학삼거리 승주초등학교 죽학분교장 옆
　　시내버스 1번, 16번을 타고 죽학정류장 하차

조계산 보리밥집

굴목재의 조계산 보리밥집은 굴목재를 걷자면 들르게 되는 필수 코스다. 반찬으로는 산나물과 된장국이 나오는데, 모든 반찬은 직접 채취하거나 재배한다. 장을 만드는 메주도 재래식으로 띄운다. 굴목재에 보리밥집이 들어선 것은 지금으로부터 30년 전. 주인장이 산속 생활을 꿈꾸며 이 자리에 터를 닦고 집을 세웠다. 배고픈 등산객들에게 무료로 밥이며 차를 제공하던 것이 오늘날 보리밥집으로 변형되었다. 지금도 그 인심은 유효하다. 한 솥 가득 뜨끈하게 숭늉을 끓여 퍼주는가 하면, 굳이 보리밥을 주문하지 않아도 앉아 쉬어갈 수 있도록 자리를 내어준다. 응급처치 공간으로도 활용되고 있다. 고픈 배를 채우고, 피곤한 다리를 쉬게 하고, 다친 몸을 치유하는 이곳은 등산객들에게 천국이나 다름없다.

- **가는 길** 굴목재길 중간쯤 선암사에서 1시간
- **주소** 순천시 송광면 굴목재길 247
- **문의** 061-754-3756
- **휴일** 연중무휴

길상식당

송광사 입구 식당가에서 가장 인지도가 높다. '길상'은 순천 송광사의 옛 이름인 '길상사'에서 따왔다. 산채정식, 더덕정식, 산채비빔밥이 유명하며, 50년이 넘는 식당의 역사를 자랑한다. 원래는 송광사 일주문 바로 밑에서 시작하여 두 번에 걸쳐 현재의 자리로 이동하게 됐다. 전체적으로 맛이 깔끔한 편이다. 구수하고 감칠맛 나는 된장국이 입맛을 돋운다.

- **가는 길** 송광사 입구 식당가
- **주소** 순천시 송광면 송광사안길 123
- **문의** 061-755-2173
- **휴일** 연중무휴

금광식당

- **가는 길** 송광사 입구 식당가
- **주소** 순천시 송광면 송광사안길 123
- **문의** 061-755-3878
- **휴일** 연중무휴

길상식당과 함께 송광사 식당가의 대표 맛집으로 알려져 있다. 대표 메뉴로는 산채정식에 따라 나오는 토란탕을 손꼽는다. 1968년에 문을 연 이 식당에서는 여느 식당들과는 달리 1년 내내 토란탕을 끓여낸다. 시어머니에서 며느리로 이어지는 금광식당의 토란탕 맛은 이미 전국으로 입소문이 번진 지 오래. 이 토란탕을 먹기 위해 각지에서 수많은 단골이 수십 년째 금광식당을 찾아오고 있다.

진일기사식당

선암사로 들어가는 길목에 있는 기사식당으로 메뉴는 김치찌개 딱 한 가지뿐이다. 6개월간 푹 삭힌 김치에 돼지고기를 잔뜩 넣고 프라이팬에 지져낸 모습이 김치찌개라기보다는 두루치기에 가깝다. 냄비 대신 프라이팬을 사용하는 이유는 모양새가 맛깔스럽고 찌개도 더 맛있게 잘 끓여지기 때문. 게장, 나물, 젓갈, 달걀찜, 멸치볶음, 시래깃국 등 17가지 반찬이 함께 나오는데, 1인분에 7000원이란다. 큰 밥그릇에 가득 담아주는 쌀밥을 한 그릇 뚝딱할 때까지 젓가락질이 멈추질 않는다.

- **가는 길** 승주나들목에서 선암사로 향하다가 첫번째 삼거리 부근
- **주소** 순천시 승주읍 선암사길 48
- **문의** 061-754-5320
- **휴일** 연중무휴

금광장

송광사 입구에는 제법 숙박시설이 갖춰져 있다. 호텔이나 고급 모텔은 아니지만, 그런대로 잘 만한 여관과 민박들이 여럿 있다. 금광장은 송광사 시설지구 내에서 가장 큰 숙박시설로 40여 개의 방에 단체손님 300명도 수용할 수 있는 규모다. 기와지붕에 고풍스러운 외관이 도시의 여관과는 달리 운치가 있다.

- **가는 길** 송광사 입구 식당가 맞은편
- **주소** 순천시 송광면 송광사안길 89
- **예약 및 문의** 061-755-2066

선암사 템플스테이

휴식형 템플스테이, 체험형 템플스테이, 템플라이프, 단체형 템플스테이, 숲 속의 빈터 백련암 체험 등 프로그램과 참여 일정에 따라 방식을 달리하는 맞춤형 템플스테이를 진행한다. 예불과 공양, 참선 등 기본적인 체험은 공통으로 적용된다. 새벽 공기를 마시며 곧게 솟은 편백나무 숲을 걷는 명상 프로그램이나 스스로를 돌아보는 스님과의 대화는 가장 인기가 많은 프로그램이다.

- **가는 길** 선암사 내
- **주소** 순천시 승주읍 선암사길 450
- **예약 및 문의** 061-754-6250, www.seonamsa.net/templestay

송광사 템플스테이

우리나라를 대표하는 승보사찰 송광사에서 머물 수 있다는 것만으로도 심장은 두근거릴 것이다. 특히 매주 주말 실시하는 산사체험은 송광사의 스님들과 하룻밤을 보내며 사찰 생활의 참의미를 깨달을 수 있는 기회다. 사찰의 일상 하나하나를 배우고, 그 안에 담긴 한국 불교의 역사와

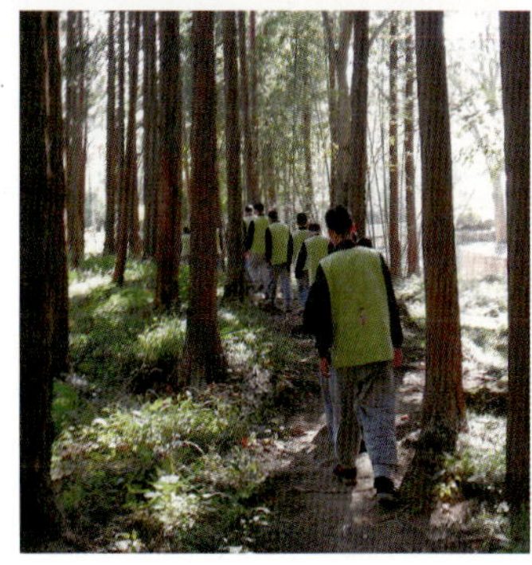

전통을 이해하자. 장엄한 예불, 암자로 가는 호젓함, 스님과의 다도 등 사찰에서의 깊은 하루가 수십 년을 지내온 지금까지의 삶을 반성케 하고 위로해줄 것이다.

- **가는 길** 송광사 내
- **주소** 순천시 송광면 송광사안길 100
- **예약 및 문의** 061-755-0107~9, www.songgwangsa.org/templestay

순천과 보성은 지리적으로 인접할뿐더러, 교통의 연계성도 좋아 여행 코스로 묶기에 알맞다. 시외버스나 기차로 1시간 내에 닿는 거리이며, 순천 시내에서 88번 버스를 타면 보성시 벌교읍까지 갈 수 있다. 낙안읍성에서 벌교까지는 버스로 30분이면 충분하다. 또한 순천과 보성은 최근 '내일로' 여행자들이 선호하는 여행 코스이기도 하며, 남도를 둘러보는 여타 관광객들의 필수 코스로 자리 잡은 지도 오래다. 순천만 갈대밭에서 보성 녹차밭으로 이어지는 색감 짙은 풍광은 여행자들에게 더욱 풍성한 설렘을 안겨줄 것이다.

산책로

보성, 어떻게 갈까

★ 버스편

보성으로 갈 때

도시	첫차	하루	소요시간
서울발	15:10	1회 운행	5시간

도시	첫차	막차	소요시간
부산발	6:30	18:30	3시간 40분

도시	첫차	막차	소요시간
순천발	5:56	21:20	1시간

도시	첫차	하루	소요시간
서울행	8:20	1회 운행	4시간 40분

도시	첫차	막차	소요시간
부산행	9:00	17:40	4시간

도시	첫차	막차	소요시간
순천행	6:40	20:10	1시간

버스터미널 연락처

보성시외버스터미널 070-7431-2879
벌교버스공용터미널 061-857-2149
센트럴시티터미널 02-6282-0114

순천종합버스터미널 1666-6563
부산서부시외버스터미널 1577-8301
광주종합버스터미널 062-360-8114

★ 열차편 (코레일 1544-7788)

보성으로 갈 때

서울발	출발	도착	소요시간	열차
용산역-보성역	9:15	14:51	5시간 36분	무궁화

부산발	출발	도착	소요시간	열차
구포역-보성역	6:28	10:54	4시간 26분	무궁화

대전발	출발	도착	소요시간	열차
서대전역-보성역	11:14	14:51	3시간 37분	무궁화

순천발	첫차	막차	소요시간	열차
순천역-보성역	5:55	17:35	1시간	무궁화

보성에서 돌아올 때

서울발	출발	도착	소요시간	열차
보성역-용산역	8:26	14:03	5시간 37분	무궁화

부산발	출발	도착	소요시간	열차
보성역-구포역	11:42	16:12	4시간 30분	무궁화

대전발	출발	도착	소요시간	열차
보성역-서대전역	8:26	11:58	3시간 32분	무궁화

순천발	첫차	막차	소요시간	열차
보성역-순천역	8:04	20:50	1시간	무궁화

* 열차에 따라 소요시간에 차이가 있으므로 탑승 전 반드시 확인하자.

보성, 어떻게 다닐까

1. 주요 버스

농어촌버스

보성-군학(회령, 군학, 회령) 대한다원, 율포솔밭해변

보성-벌교(벽교, 회령, 천포, 군두) 대한다원, 율포솔밭해변, 득량

보성-벌교(대보등, 안심촌, 마화) 보성시외버스터미널, 득량, 벌교

직행버스

보성시외버스터미널→대한다원(첫차 6:00, 막차 20:20)

대한다원→보성시외버스터미널(첫차 5:25, 막차 21:00)

보성시외버스터미널→서재필기념공원, 백민미술관, 대원사(첫차 7:00, 막차 11:45, 2회 운행)

보성시외버스터미널→강골마을(첫차 6:00, 막차19:40)

대한다원→율포솔밭해변(첫차 6:15, 막차20:35)

보성의 주요 관광지로 향하는 버스는 보성시외버스터미널에 가면 탈 수 있다.

2. 콜택시

보성읍 보광택시 061-852-3232

벌교읍 조광택시 061-857-0051

복내면 대창택시 061-852-5548

득량면 예당개인택시 061-853-9090

조성면 조성개인택시 061-857-9888

3. 렌터카

보성렌터카 061-853-1007

관광안내소

기러기휴게소 관광안내소 061-852-2381

대원사 관광안내소 061-853-1766

한국차박물관 관광안내소 061-852-0918

주요 기관 문의처와 홈페이지

보성군 문화관광 061-850-5211~4, http://tour.boseong.go.kr

특산품과 기념품

녹차수도 보성중계장터 http://mall.greenbs.kr

녹차미인보성쌀, **녹차**, **꼬막**, **강하주**(화천면 율포 지역 전통주)

용문석(수작업으로 생산되는 왕골 돗자리)

축제와 행사

보성다향제 5월 중순, 대한다원

레저뻘배대회 8월 초, 벌교읍 장암리

벌교꼬막축제 10월 말, 벌교읍 일원

서편제보성소리축제 10월, 서편제테마파크

읽고 보고 가면 좋다

 **Book**

『태백산맥』
조정래

『소리』
정상래

 **Movie**

〈선물〉
오기환 감독
이정재, 이영애 주연

〈태백산맥〉
임권택 감독
안성기, 김명곤, 김갑수, 오정해 주연

〈사랑따윈 필요없어〉
이철하 감독
김주혁, 문근영 주연

〈서편제〉
임권택 감독
김명곤, 오정해, 김규철 주연

〈목포는 항구다〉
김지훈 감독
조재현, 차인표, 송선미 주연

 **Drama**

〈여름향기〉
윤석호 연출 | 최호연 극본
송승헌, 손예진 주연

날씨

순천과 마찬가지로 전반적으로 따뜻한 기후를 자랑한다. 다만 강수량이 많아 여행 전 일기예보를 꼭 확인하는 것이 좋고, 가을에는 일교차가 큰 편이라 여별의 옷을 준비하는 것이 좋다. 싱싱하고 찬란한 녹차밭을 누비고 싶다면 3~9월 중 방문하는 것을 추천한다.

짐과 신발

생각보다 발품을 많이 팔아야 한다. 녹차밭을 거닐 때도 그렇고, 소설 『태백산맥』의 배경지를 찾아 벌교 시내를 둘러봐야 할 때에도 그렇다. 발이 편한 운동화를 신고, 배낭은 가능한 가볍게 준비하자. 보성역은 보관함이 따로 없어 '내일로' 여행객에 한해 무거운 배낭을 보관해주고 있는데, 성수기인 여름이 아닌 경우 일반 여행객의 배낭을 맡아주기도 하니 공손하게 부탁해보자.

화순
영암
한국차박물관
01
보성읍권
대한다원
장흥
율포솔밭해변

순천
02
벌교읍권
홍교
태백산맥문학관
보성여관
강골마을
고흥

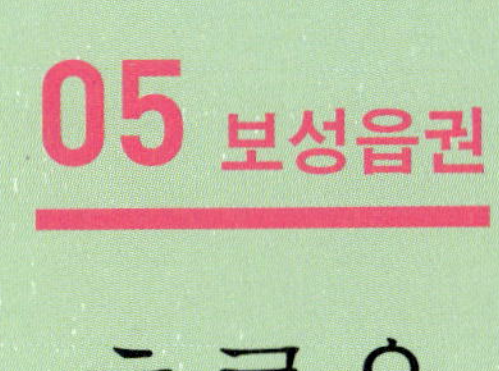

초록을 노니는 보성

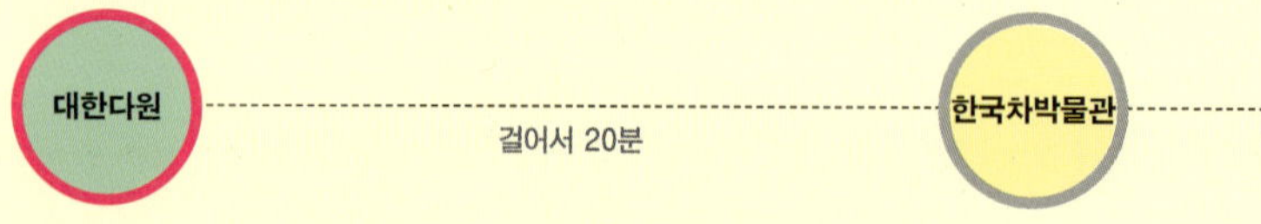

초원을 산책하듯 여행하는 보성읍 코스
대한다원
걸어서 20분
한국차박물관

영암순천고속도로
보성군청
한길로회관
덕산체
예당역
특미관
보성역
주암호
보성시외버스터미널
신토불이가든
득량역
보성녹차떡갈비
배각산
그린티하우스
차향가득한집
골망태펜션
앨리스
봉화산
도촌저수지
대한다원쉼터
보성녹차리조트
한국차박물관
대한다원
봇재다원펜션
초록잎이펼치는세상
영천저수지
일림산
율포솔밭해변
보성다비치콘도
녹차랑바다랑
주요 장소
식당
카페
숙소
여기도 한번
주요 시설

걷기 난이도 ★☆☆☆☆

전혀 힘들지 않다. 여행지 간 거리가 멀지 않을뿐더러, 초록 녹차밭과 파란 바다 풍경이 피로를 잊게 해줄 것이다.

언제 가면 좋을까

봄부터 여름이 가장 좋다. 연둣빛 새순이 녹차밭을 뒤덮는 4월 중순~5월 하순이면 더할 나위 없다. 더군다나 첫 잎을 수확하는 시기이니, 잘만 하면 찻잎을 따는 모습도 구경할 수 있다. 한 여름의 초록빛도 만만치 않게 예쁘다. 또한, 소나무 그늘 가득한 율포솔밭해변에서 산뜻한 해수욕을 즐길 수 있을 테니, 추워지기 전에 얼른 떠나보자.

본격적인 여행에 앞서

1. 보성시외버스터미널에서 회령·군학 방면 버스를 타면 대한다원을 거쳐 율포솔밭해변까지 갈 수 있다.

2. 대한다원은 1다원과 2다원이 각각 다른 곳에 위치하고 있는데, 사람들이 주로 찾는 곳은 1다원이다. 여러 영화, 드라마, 광고의 배경으로 등장하면서 유명해졌다.

3. 대한다원 내에는 식당과 매점 등의 편의시설이 고루 마련되어 있고, 곳곳에 쉴 수 있는 그늘과 휴식처가 있으니 걱정하지 않아도 좋다.

4. 율포솔밭해변의 해수풀장은 여름 한철 오픈으로 해수욕장과 개장 기간이 비슷하지만, 해수녹차탕은 연중 내내 오전 6시부터 오후 8시까지 운영한다.

★ **대한다원 전망대에 올라 녹차밭 전경을 감상해보자.** 녹차밭뿐만 아니라 그 너머의 보성 앞바다까지 눈에 들어온다. 단, 이 멋진 풍경을 얻기 위해서는 가파른 나무계단 길을 오르는 수고를 감당해야 한다. 허벅지가 떨려와도 조금만 참고 오르고 또 오르면, 오직 초록으로만 무장한 보성 최고의 전경을 마주할 수 있다.

★ **5월 보성다향제 방문하기.** 티 월드 챔피언십, 다향백일장, 녹차 콘서트, 차 만들기, 찻잎 따기 체험, 차밭 영화제 등 먹거리 볼거리가 즐비하니, 시기를 맞춰 방문해보자.

★ **대한다원에서는 녹차 아이스크림을.** 달콤하면서도 쌉쌀한 끝맛이 매력적인 녹차 아이스크림은 대한다원의 명물. 녹차밭을 다 둘러보고 벤치에 앉아 휴식을 취하며 먹는 초록빛깔 녹차 아이스크림은 녹차밭이 내린 또 하나의 축복이다.

★ **율포솔밭해변에서 해수녹차욕 즐기기.** 해수탕과 녹차탕에서 여독을 풀고, 몸과 마음의 찌든 때를 날려보자.

★ **장롱 면허가 아니라면 차를 렌트해 주암호로 달려가자.** 주암호는 전남 서부 지역이 자랑하는 최고의 드라이브 코스다. 145킬로미터의 호반도로와 15번, 18번, 27번 국도가 호수 양쪽을 끼고 돈다. 또한 서재필기념공원, 대원사, 고인돌공원 등 여러 관광지를 품고 있어 돌아보는 재미가 보통이 아니다. 한나절만 자동차 여행을 즐겨보자.

율포해수욕장

대원사

서재필기념공원

대한다원

전라남도 보성하면 가장 먼저 떠오르는 단어가 바로 '녹차'다. 보성과 녹차는 붕어와 빵처럼 떼려야 뗄 수 없는 견고한 언어 구성을 수십 년간 유지해왔다. 보성 차밭은 주로 호남정맥의 분수령인 활성산 기슭에 자리 잡고 있는데, 보성읍과 율포 바닷가를 잇는 봇재 고개의 대한다원이 가장 유명하다.

입구에서부터 이어지는 삼나무 숲길을 따라 안으로 들어서면 주차장에서는 보이지 않던 녹차밭이 시야로 쏟아지듯 펼쳐진다. 경사진 언덕을 층층이 채우며 올라서는 녹차 두렁과 파란 하늘은 최고의 조경사가 만들어낸 조경 작품인 듯 일관적이고 섬세한 느낌을 전해준다. 한 점 빠짐없이 초록으로 치장한 이곳은 시선을 돌리는 모든 곳이 수채화이다. 햇살이라도 한 무더기 떨어지는 오후에는 연둣빛으로 반짝이는 찻잎 하나하나가 에메랄드처럼 느껴지기도 한다.

초록 일색의 배경은 그 안에 존재하는 모든 것을 아름답게 밝혀낸다. 수많은 CF와 영화가 이곳에서 촬영된 것도 그러한 이유일 테다. 녹차밭 한가운데를 걸어가는 동안 당신은 세상에서 가장 아름답고 행복한 사람으로 비춰진다. 세상을 환하고 건강하게 밝히는 힘, 초록 녹차밭만이 부릴 수 있는 마법이다.

알고 가면 더 좋다

대한다원은 1957년 대한다업(주)의 창업자 장영섭 회장이 활성산 자락에 30만 평 규모의 녹차밭을 조성하고 방풍림으로 삼나무를 식재하면서 그 역사가 시작되었다.

보성녹차는 우리나라 지리적 표시제 제1호로 지정된 상품이다. 따라서 보성 이외의 지역에서는 '보성녹차'라는 상표권을 함부로 사용할 수 없다.

대한다원에는 총 세 개의 전망대가 있다. 차밭을 가까이 구경하기에는 중앙전망대와 차밭전망대가 좋고, 차밭 너머 멀리 보성 앞바다까지 전체적인 전경을 살피기에는 바다전망대가 좋다.

동그란 녹차잎이 예쁘다고 함부로 따서는 안 된다. 대한다원의 자

산이기 때문에 찻잎을 마구 따가는 건 절도나 다름없는 행위다. 감시하는 사람이 따로 있는 건 아니지만, 조심히 만져보고 촉감을 느껴보는 걸로 만족하자.

대한다원과 함께 최고의 비경을 자랑하는 다원이 봇재다원이다. 보성만이 한눈에 내려다보이는 봇재다원은 산을 감싸고 있는 대한다원과 달리, 산을 펼치고 있는 풍경이다. 대한다원에 비하여 편의시설이 부족하다는 것이 단점이긴 하나, 다원의 시원한 풍경을 내려다보기에는 오히려 대한다원보다 낫다.

대한다원에서 봇재다원은 걸어서 이동이 가능하다. 대한다원 주차장 아래 국도변 삼거리에서 녹차로 오른쪽으로 300미터 정도 이동하면 봇재다원으로 오르는 길이 나온다.

넓은 녹차밭을 산책하는 동안 그늘을 찾기가 쉽지 않다. 자외선에 타는 살갗이 걱정된다면 선크림이나 가벼운 양산을 준비하자.

수확시기에 따른 녹차 분류법

녹차는 차는 수확 시기에 따라 우전, 세작, 중작, 대작 네 가지로 분류한다. 우전은 곡우, 즉 4월 20일 전에 딴 아주 여린 잎으로 만든 차를 말하며, 세작은 곡우에서 입하(5월 5일경) 이전까지 채취한 고운 찻잎 순과 펴진 잎을 따서 만든 차를 말한다. 중작은 입하 이후 열흘 정도 지나 잎이 좀더 자란 후 펴진 잎을 따서 만든 차이며, 대작은 한여름에 채취한 입으로 만든 차이다. 이 중에서 가장 어린 잎인 우전과 세작을 최상품으로 치며, 맛 또한 가장 좋다.

보성 주민 추천 ★★★★★

"대한다원은 그야말로 신세계죠. 2013년에는 CNN이 선정한 '세계의 놀라운 풍경 31선'에도 오른 바 있죠. 대한다원을 으뜸으로 꼽지만, 봇재다원을 비롯해 크고 작은 다원들이 보성 구석구석에 숨어 있어요. 그리고 꼭 현지에서 녹차 시음을 해보시길 권해요. '이래서 보성녹차구나!' 하실 겁니다."

- **주소** 보성군 보성읍 녹차로 763-67
- **입장시간** 9:00~19:00
- **입장료** 3000원
- **평균 소요시간** 2시간
- **문의** 061-852-4540, www.dhdawon.com

한국차박물관

2010년 9월, 차의 고장 보성에 한국차박물관이 문을 열었다. 전국 최대의 녹차 산지답게 차의 문화와 역사 등 차에 관한 모든 것을 한눈에 볼 수 있고 체험할 수 있는 특별한 문화공간을 마련한 것이다. 녹차밭에서 초록 풍경을 한껏 즐겼다면, 초록 찻잎에 대한 궁금증이 더해질 터. 보성군은 방문객들이 차밭에서 얻은 감명을 차에 대한 지식으로 이어갈 수 있도록 대한다원에서 가까운 거리에 박물관을 세웠다.

한국차박물관은 총 3층으로 나뉘어 있으며, 각 층마다 차에 관한 풍부한 콘텐츠를 담아내고 있다. 1층에 있는 차 문화관은 차나무와 생육환경, 성분과 효능에 관한 기본적인 지식부터 그래픽패널과 영상, 디오라마를 통해 재배부터 생산까지의 과정을 보여준다. 2층 차 역사관은 고려시대부터 현대에 이르기까지 차의 발자취를 한눈에 살펴볼 수 있는 시대별 차 문화와 유물을 전시한다. 3층 차 생활관은 체험 공간으로 한국, 중국, 일본, 유럽 등 여러 국가의 차 문화를 체험하고 비교해볼 수 있으며, 직접 차를 시음해볼 수도 있다.

이외에도 차 제조 공방에서는 매년 5월부터 8월까지 자신이 직접 차 생엽을 가지고 차를 만들어 가져가는 차 만들기 체험을 할 수 있고, 3층 한국차생활실에서는 차 관련 이론 교육 및 기본 행다법 등을 실습할 수 있다.

알고 가면 더 좋다

2010년 개관 이후 3년 동안 69만여 명의 방문객이 한국차박물관을 찾았다. 녹차밭과 함께 보성에서 빼놓지 말고 들러야 할 곳이다. 대한다원에서 도보로 20분 거리에 있으니, 보성 녹차 여행은 이곳에서 마무리하도록 하자.

한국차박물관으로 진입하는 도로변에는 한국차소리문화공원이 조성되어 있다. 대금·가야금방, 소리방, 득음정, 북루 등으로 구성된 이 공원은 매년 5월 보성에서 열리는 녹차 축제인 보성다향제가 열리는 공간이다. 축제 기간에 맞춰 방문한다면 다양한 체험과 볼거리, 먹거리를 즐길 수 있을 것이다.

박물관 5층은 전망대다. 전면이 통유리로 되어 있어 탁 트인 기분을 맛볼 수 있다. 녹차밭은 물론 영천저수지와 율포 앞바다까지 내려다보인다.

다기를 포함해 약 170여 점의 소장품을 보유하고 있다. 근대에 사용하던 찻솔이나 고려시대의 청동수저, 조선시대의 곱돌탕기 세트와 무쇠양은주자 등을 두루 살펴볼 수 있다.

박물관 내에서도 선물용 녹차를 판매하고 있으니 살펴보자.

"아는 만큼 보인다고, 차에 대해 조금만 더 잘 이해하고 있다면, 더 맛있게 차를 마실 수 있겠죠. 이왕 녹차밭까지 온 거 근처 한국차박물관에 들러서 내가 마시는 차에 대해 살짝 공부하고 돌아가는 건 어떨까요?"

- **주소** 보성군 보성읍 녹차로 775
- **입장시간** 10:00~18:00, 매주 월요일 휴관
- **입장료** 1000원
- **평균 소요시간** 1~2시간
- **문의** 061-852-0918, www.koreateamuseum.kr

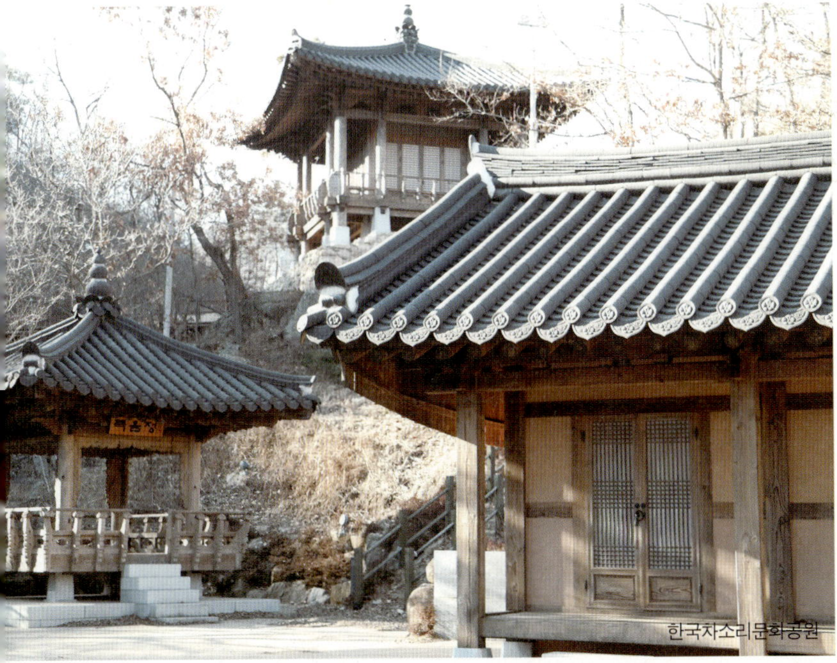

한국차소리문화공원

율포솔밭해변

보성에는 녹차밭만큼 푸른빛으로 빛나는 예쁜 풍경이 하나 더 있다. 2012년 전국 3대 우수 해변으로 국토해양부에서 선정한 율포 솔밭해변이다. 은빛으로 반짝이는 1.2킬로미터 길이의 백사장 뒤편으로 50년에서 100년의 수령을 자랑하는 소나무들이 긴 숲을 이루고 있다. 부드럽고 느릿한 파도와 수평선을 따라 둘러선 크고 작은 섬들, 그리고 점점이 출렁이는 어선들까지 소나무 숲 그늘에서 바라보는 바다는 마치 거대한 호수를 닮아 있다.

나른하면서도 부드러운 풍경이 전하는 멋도 멋이지만, 율포솔밭 해변이 더욱 주목을 받는 것은 해수욕장 안에 해수풀장과 해수녹차탕을 갖추고 있기 때문. 해수풀장이 생긴 이후 관광객은 썰물 때나 기상 조건이 나쁠 때에도 해수욕을 즐길 수 있게 됐다. 2000여 명을 동시 수용할 수 있는 야외 수영장은 지하 120미터에서 솟는 청정 심해수를 사용하며, 81미터의 터널 튜브형 슬라이드, 해적선, 아쿠아플레이, 유수풀, 파도풀 등 다채로운 놀이시설을 보유하고 있다. 1998년 개장한 율포해수녹차탕 역시 자랑거리. 지하 120미터에서 끌어올린 암반 해수와 보성군에서 생산한 찻잎으로 우려낸 해수녹차탕에서 목욕을 즐길 수 있다.

남해안의 얌전한 정취가 있고, 해수풀장의 다이내믹한 재미가 있고, 해수녹차탕의 따뜻한 건강이 있으니, 휴양의 모든 조건을 다 갖추었다고 자부할 수 있겠다.

알고 가면 더 좋다

해수녹차탕은 해수탕과 녹차탕으로 구분한다. 녹차는 체내 콜레스테롤을 저하시키고, 해수는 원활한 노폐물 분비를 촉진해 성인병 치료에 탁월한 효과가 있으니 '건강 목욕'을 즐겨보자.

율포솔밭해변은 점점이 떠 있는 섬들이 방파제 역할을 하고 있어 물살이 잔잔하다. 파도타기는 할 수 없겠지만, 튜브 타고 유유히 떠다니기에는 딱 좋고, 바닷물에는 갯벌에서 흘러나온 다양한 미네랄이 함유되어 있어 건강 해수욕을 즐길 수 있다.

율포솔밭해변은 싱싱한 갯벌로도 유명하다. 썰물 때면 갯벌 위로 새끼손톱만 한 작은 게들이 모습을 드러낸다. 바지락을 캐는 마을 아낙들의 모습도 볼 수 있다.

율포솔밭해변 내에는 오토캠핑장이 있어 낭만적인 카라반 숙박을 비롯해 텐트 캠핑도 즐길 수 있다. 예약을 해야 이용할 수 있고, 다양한 체육시설을 보유하고 있어 단체 캠핑을 하기에도 그만이다. (문의 061-853-4488, http://yp-camping.co.kr)

대한다원에서 율포해수욕장을 찾아올 경우, 대한다원 정류장에서 회령 · 군학 방면 버스를 타고 율포정류장에서 하차하면 된다.

보성 주민 추천 ★★★★☆

"해변을 산책하든지, 풀장에서 물장구를 치든지, 탕 속에 몸을 눕히든지, 3단계 힐링을 맛볼 수 있는 율포솔밭해변에서 놀다 가세요."

- **주소** 보성군 회천면 우암길 24
- **입장시간** 해수풀장 9:00~19:00(7월 초~8월 말 한시 운영)
  해수녹차탕 6:00~20:00
- **입장료** 해수풀장 2만 원, 해수녹차탕 6000원
- **평균 소요시간** 머무르는 만큼
- **문의** 해수욕장 061-852-5953
  해수풀장 061-853-4243, http://pool.boseong.go.kr/home_beach
  해수녹차탕 061-853-4566, http://pool.boseong.go.kr/home_spa

해수풀장

전남 서부권 최고의 드라이브코스

주암호

어디 가슴이 뻥 뚫리는 곳 없을까. 도시도 유적지도 관광단지도
아닌, 그냥 탁 트인 어딘가 말이다. 주암호라면 그런 소망을 들어
줄 수도 있겠다. 주암호는 전남 서남부권이 자랑하는 최고의 드라
이브 코스다. 145.5킬로미터의 호반도로와 15번, 18번, 27번 국도
가 호수를 끼고 돈다. 보성에서 15번 국도를 따라 올라오면 주암
호를 만날 수 있다. 도로를 달리다보면 전망이 탁 트인 곳이 틈틈
이 나타난다.

맑은 수면에 반영된 산세의 모습이 신비롭다. 짙푸른 호수와 울창한 산기슭은 신비롭다 못해 원시적인 분위기까지 자아낸다. 한 바퀴 시원하게 돌고 나면 아랫배까지 속이 뻥 뚫리는 기분이다. 액셀을 밟을 때마다 펼쳐지는 주암호의 속 깊은 풍경이 어설픈 게으름조차 잊게 만든다.

본래 주암호는 전라남도 서부권에 하루 64만 톤의 생활용수를 공급하는 인공 호수로 순천시, 보성군, 화순군 세 개 시군에 걸쳐 있다. 사실 전국 1, 2위의 저수량을 자랑하는 소양호(29억t)나 충주호(27억t)에 비하면 6분의 1 수준에 불과한 호수지만, 호수를 둘러싼 조계산과 모후산 덕분인지 굉장히 거대하고 깊어 보인다.

주암호는 한적한 호수 풍경뿐만 아니라 소박한 옛 풍경을 아직 잘 간직하고 있다. 오래된 정류장, 빛바랜 간판의 시골 다방, 노부부가 운영하는 구멍가게 등 숨은그림찾기를 하듯 주암호의 풍경 사이사이에 숨은 옛 모습을 찾아보는 것도 재밌다. 또 조금만 열심히 돌아보면 구석구석 여러 여행지를 마주할 수 있다. 서재필기념공원, 고인돌공원, 그리고 대원사까지 두어 번 브레이크를 밟게 만든다.

주암호에서 찾은 여행 하나
서재필기념공원

멀리 건너편에서 바라보면, 믿거나 말거나 독립문이 주암호를 배경으로 솟아 있다. "독립문이라니? 전라남도 호숫가에 독립문이라니!"라며 의심과 당황을 쏟아부을 만도 하지만, 정확히 독립문이 맞다. 독립문은 서울 서대문구에만 있는 게 아니었다. 독립문이 서 있는 이곳은 독립운동가이며 최초의 한글신문인 독립신문을 창간한 송재 서재필의 얼을 기리기 위해 조성한 서재필기념공원이다. 공원 터는 서재필이 태어난 전남 보성군 문덕면에 속하며, 2008년 정식 개관했다. 독립문을 비롯해 서재필 동상, 유물전시관, 서재필기념관, 그리고 그의 영정을 모신 송재사 등이 이곳을 구성하고 있다. 대중교통이 자주 닿지 않아 아직은 사람이 드물고 한적해 산책을 즐기기에도 좋다. 서재필기념공원은 서재필을 다시 한 번 꼼꼼히 기억하는 공간이다. 광복절이 아니더라도 마음껏 이 땅을 여행할 수 있음에 감사하는 마음으로, 독립문 앞에서 만세 한번 외쳐볼 일이다.

● **위치** 보성군 문덕면 용암길 8
● **문의** 061-852-2181

조각공원

주암호에서 찾은 여행 둘

고인돌공원

본래 바닷가나 커다란 호숫가 근처에는 선사시대의 유적들이 적잖이 발견된다. 수몰된 유적들이 발굴되기 때문인데, 1991년 완공된 주암댐 인근도 마찬가지다. 주암댐 근처에서 발굴된 유적들 대다수는 고인돌. 잘 알겠지만 고인돌은 한국 청동기시대의 대표적인 무덤 양식이다. 고인돌공원은 이렇게 발굴된 고인돌들을 복원해 옮겨 모아 만든 공원이다.

크기도 모양도 다른 고인돌을 구경하는 재미가 쏠쏠하다. 어떤 고인돌은 거북이 같고, 어떤 고인돌은 로봇 같다. 평범한 바위라 생각하고 걸터앉은 것이 고인돌일 수도 있다. 공원 자체도 워낙 예쁘게 정돈돼 있어, 주암호를 여행하는 중이라면 한 번쯤 방문할 만하다.

공원은 크게 야외전시장과 유물전시관, 묘제전시관으로 구성되며, 그중 야외전시장에는 고인돌 140여 기와 선사시대 움집 6동, 구석기시대 집 1동, 남북방식 모형 고인돌 5기, 솟대, 선돌 등이 전시되어 있다. 고인돌과 함께 발굴된 돌검, 돌화살촉, 돌칼 등 석기류는 유물전시관에서 볼 수 있다.

● **위치** 순천시 송광면 고인돌길 543
● **문의** 061-755-8363

♣ 서재필기념공원과 고인돌공원 버스로 찾아가기

드라이브가 불가하다면, 보성시외버스터미널이나 벌교버스공용터미널에서 '벌교-보성(외서, 곡천, 대원사, 사평 방면)' 버스를 이용할 수도 있다. 서재필기념공원과 고인돌공원을 모두 거치며, 인근의 백민미술관과 대원사도 지나간다. 하지만 문제는 하루에 단 3회만 운행한다는 것. 놓치지 않도록 버스 시간을 잘 확인하자.

● **문의** 보성시외버스터미널 061-852-2777, 벌교버스공용터미널 061-857-2149

발걸음을 이끄는 곳들

대원사

보성, 화순, 순천이 만나는 천봉산에 위치한 대원사는 백제 아도화상이 창건한 유서 깊은 사찰이다. 1993년 낙태된 어린 영혼을 천도하기 위해 만든 석조지장보살상과 동승석상들이 눈길을 끈다. 봄에는 대원사 앞 벚꽃길 드라이브를 추천한다.

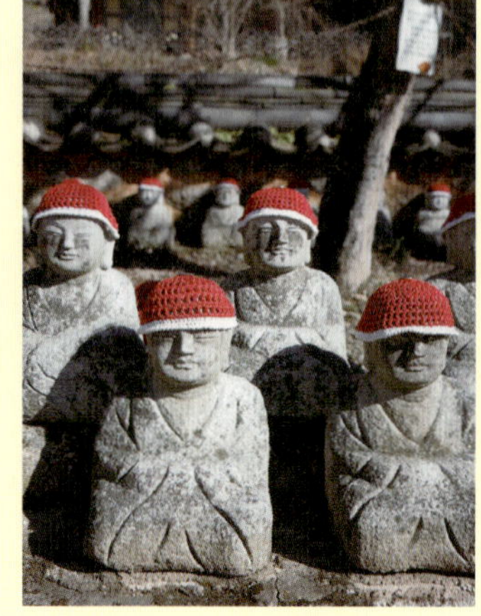

- **위치** 보성군 문덕면 죽산길 506-8
- **문의** 061-852-1755

백민미술관

지역출신 서양화가 백민 조규일 선생이 보성군에 기증한 작품 350여 점으로 1993년 처음 문을 열었다. 폐교를 개조해 만든 곳으로 2층 전시실은 천장으로 쏟아지는 자연광을 이용한다. 휴관은 매주 월요일이고 오전 10시부터 오후 5시까지 운영한다.

- **위치** 보성군 문덕면 죽산길 168-14
- **문의** 061-853-0003

대원사 티벳박물관

티벳의 정신문화와 예술세계를 소개하고 한국 불교와 영적인 교류를 촉진하기 위해 건립되었다. 대원사 회주 현장 스님이 15년 전부터 수집한 1000여 점의 티벳 미술품과 유물이 상설 전시되고 있다. 죽음체험관에서는 미리 유서를 써보는 이색 체험을 해볼 수도 있다. 오전 10시부터 오후 5시까지 운영하며, 입장료가 있다.

● **위치** 보성군 문덕면 죽산길 520-1
● **문의** 061-852-3038

대한다원쉼터

다원 내에 위치하며, 녹차 관련 식음료 및 기념품을 판매한다. 1층에는 분수광장, 녹차라테와 녹차 아이스크림 판매장, 기념품 매장 등이 있다. 2층에는 녹차짜장면, 녹차냉면, 녹차비빔밥 등을 판매하는 녹차전문 음식점이 마련되어 있다. 다원 내 유일하게 흡연구역이 있어 애연가들에게 사랑받는 공간이기도 하다.

- **가는 길** 삼나무길 지나 광장 오른쪽
- **주소** 보성군 보성읍 녹차로 763-67
- **문의** 061-852-4584
- **휴일** 연중무휴

특미관

현지인들이 즐겨 찾는 맛집이다. 녹차 먹인 돼지고기를 비롯해 녹차쌈밥, 녹차칼국수, 녹차된장, 녹차꼬막비빔밥 등 유기농으로 직접 재배한 녹차를 재료로 한 음식들을 판매한다. 녹차 먹인 돼지고기는 잡내가 없고 육질이 부드러워 인기가 좋다.

- **가는 길** 보성 향교 맞은편
- **주소** 보성군 보성읍 중앙로 51-1
- **문의** 061-852-4545
- **휴일** 연중무휴

보성녹차떡갈비

보성에서 가장 유명한 떡갈비 전
문점으로 한우떡갈비와 녹돈떡갈
비가 있다. 소와 돼지가 함께 나오
는 모둠떡갈비도 있다. 잘 다진 고
기를 비법 양념에 버무린 후 참숯
불로 구워낸다. 겉은 바삭하고 속
은 부드럽다. 떡갈비 외에도 15가
지 이상의 반찬이 밥상을 가득 채
운다. 이렇게 푸짐한 떡갈비 한 상
이 겨우 1만4000원. 무엇보다 1인
분도 주문이 가능하다는 점은 나
홀로 여행객들에게 큰 위안을 안
긴다.

● **가는 길** 주공아파트 사거리 코너
● **주소** 보성군 보성읍 녹차로 1396
● **문의** 061-853-0300
● **휴일** 연중무휴

한길로회관

보성군청 앞 사거리에서 40년 넘게 자리를 지켜온 한정식 집으로 전라도의 손맛을 느낄 수 있다. 굴, 홍어, 키조개, 꼬막, 생선구이 등 해산물을 기본으로 한 반찬이 올라온다. 식재료는 보성읍내 시장에서 매일 싱싱한 것으로 구입해 사용하고 장류는 직접 담근다. 평범한 시골 식당 분위기에 푸짐한 밥상이 마음마저 푸근하게 해준다. 한정식 가격도 1인당 1만 원으로 부담이 없다.

● **가는 길** 군청 앞 사거리에서 보성 경찰서 방향 대로변
● **주소** 보성군 보성읍 중앙로 96-1
● **문의** 061-852-3281
● **휴일** 연중무휴

신토불이가든

오리불고기로 유명한 곳이다. 얇게 썰어낸 오리고기가 불판 위에 지글거리는 형상부터가 군침 돈다. 부추를 불판 위에 한가득 올리고 오리와 함께 먹는데, 오리고기를 꺼리던 사람들도 이곳의 오리불고기만큼은 맛있게 먹고 돌아간다니, 맛 하나는 믿어볼 만하다.

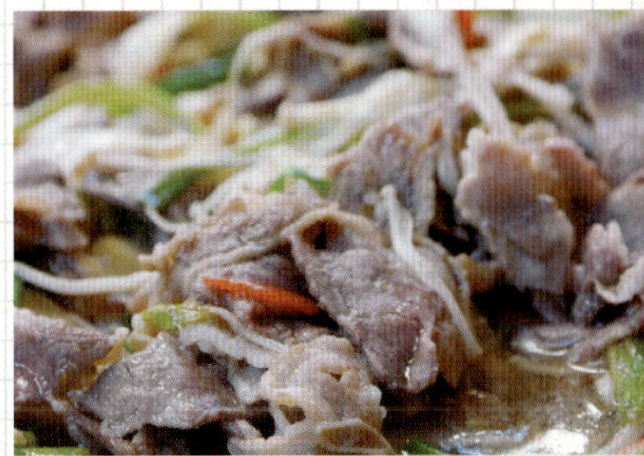

- **가는 길** 보성대교 건너기 전 영진맨션 앞
- **주소** 보성군 보성읍 봉화로 116
- **문의** 061-853-8081
- **휴일** 연중무휴

녹차랑바다랑

싱싱한 회 한 점은 간절한데, 혼자 횟집을 찾기는 부담스러울 때, 녹차랑바다랑을 찾아가자. 나홀로 여행족을 위한 알뜰 메뉴로 1만 5000원짜리 회정식을 내놓는다. 활어회는 신선도 유지를 위해 그날그날 종류를 달리하고, 한겨울에는 별미로 냉동 전어를 맛볼 수 있다. 율포솔밭해변을 눈앞에 두고 먹는 회 한 접시에 피로마저 사그라진다.

- **가는 길** 율포해수욕장 식당가
- **주소** 보성군 회천면 남부관광로 2303
- **문의** 061-853-1566
- **휴일** 연중무휴

초록잎이펼치는세상

전망 좋은 차밭에 위치한 카페 겸 펜션이다. 보성 찻집 중에 경치가 가장 뛰어난 곳으로 유명하며, 테라스로 나가면 찻집 이름 그대로 눈앞에 초록잎 세상이 펼쳐진다. 보성제다에서 생산한 녹차와 다양한 다구를 판매하며, 차를 직접 만들어볼 수 있는 제다 체험도 할 수 있다.

- **가는 길** 보성녹차밭 다향각 전망대 바로 옆
- **주소** 보성군 회천면 녹차로 613
- **문의** 061-852-7988
- **휴일** 연중무휴

앨리스

멀리서 보면 예쁜 펜션처럼 보이지만, 식사와 차를 판매하는 카페 겸 레스토랑이다. 녹차 카페가 즐비한 녹차밭 일대에서 좀처럼 찾아보기 힘든 현대식 카페다. 인형, 아기자기한 소품, 커다란 창문, 화목 난로, 추억 메모지 등이 실내를 장식하고 있다. 일부 공간에는 천연 염색 스카프, 천연 염색 손수건, 키홀더, 오트밀 비누 등 핸드메이드 제품들을 진열하고 있다.

- **가는 길** 장수교차로에서 녹차로를 따라 대한다원 방면으로 봉산리 진입로
- **주소** 보성군 보성읍 노산길 6-5
- **문의** 061-853-9597
- **휴일** 연중무휴

차향가득한집

봇재에서 율포로 넘어가는 18번 국도에 찻집이 몰려 있다. 그중에서도 차향가득한집은 분위기가 좋다. 몇백 평의 작은 차밭을 직접 가꾸며, 질 좋은 차를 손님에게 제공한다. 특히, 녹차팥빙수는 별미 중의 별미. 보성녹차가루를 뿌려 섞어 먹는 그 맛은 진한 달콤함에 구수한 담백함이 버무려진 개운한 맛이다. 테이블마다 놓여 있는 녹색 화분들은 싱그러운 기운을 전하고, 한쪽으로 진열된 도자기 소품과 차 관련 도구들은 찻집에 운치를 더해준다.

- **가는 길** 보성읍에서 율포방향으로 18번 국도 녹차로 왼쪽
- **주소** 보성군 보성읍 녹차로 1053
- **문의** 061-853-8887
- **휴일** 연중무휴

보성다비치콘도

율포솔밭해변에 위치한 보성다비치콘도는 81개의 객실을 갖춘 율포 최대, 최고의 숙박시설이다. 한식당, 카페, 마트, 스크린골프장 등의 편의시설은 물론 풋살경기장, 농구장, 배구장, 배드민턴장 등 체육시설을 바로 곁에 두고 있다. 무엇보다도 지하 120미터에서 끌어올린 천연 암반 해수와 보성 녹차를 사용한 해수녹차탕은 이용객들에게 가장 큰 인기. 해수녹차탕에 앉아 바라보는 남해의 전경과 솔밭 풍경은 지친 심신에 생기를 불어넣는다.

- **가는 길** 율포솔밭해변 앞
- **주소** 보성군 회천면 충의로 36
- **예약 및 문의** 061-850-1144, www.dabeach.co.kr

보성녹차리조트

2012년 오픈한 보성녹차리조트
는 대한다원에서 차로 5분 거리
에 위치하며, 정통 수공식 통나
무집으로 로키산맥 더글라스와
토종 삼나무, 편백 통나무를 건
조해 지었다. 6000평의 넓은 부

지에 36개 객실을 보유하고 있으며, 10평형부터 45평형까지 다양한 규
모로 구성되어 있다. 주변 녹차밭과 휴양림, 잔디광장, 산책길 등 천혜의
자연환경을 곁에 두고 있어 녹차 마니아들의 고급 휴식처로 인기를 끌
고 있다. 앞으로 숙박시설과 편의시설, 체험시설을 갖춘 테마파크 형 리
조트로 업그레이드할 예정이다.

● **가는 길** 한국차박물관, 소리문화공원 내 위치
● **주소** 보성군 보성읍 녹차로 777
● **예약 및 문의** 061-852-2600, www.nokcharesort.com

봇재다원펜션

봇재다원의 녹차밭과 득량만을 눈앞에 둔 전망 좋은 펜션이다. 또한 황토와 녹차로 건축된 웰빙 공간으로 이용객들의 심신에 편안한 기운까지 전달한다. 펜션 내에 봇재다원 무료시음장을 갖추고 있어 펜션 이용객들이 언제든 다양한 향과 맛의 녹차를 즐길 수 있도록 돕고 있다.

- **가는 길** 봇재다원 내 위치
- **주소** 보성군 회천면 녹차로 745-4
- **예약 및 문의** 010-3642-1987, www.botjae.com

그린티하우스

대한다원과 약 15분 거리에 있는 고급 전원주택형 펜션으로 한적한 분위기와 맑은 공기가 입구부터 마음을 편하게 다독인다. 5000평의 대지 위에 두 개 동으로 나뉘어 있는데, 1동은 가족룸으로 2동은 커플룸으로 사용한다. 이국적인 분위기를 자아내는 초록 정원과 성인과 유아로 나눈 두 개의 수영장은 그린티하우스의 자랑이다.

- **가는 길** 덕산정류장에서 개울고개길 따라 예당리 진입
- **주소** 보성군 득량면 개울고개길 246-18
- **예약 및 문의** 061-853-8585, www.greenthouse.com

골망태펜션

녹차밭 언덕 한가운데 스머프 집처럼 옹기종기 모여 있는 골망태펜션은
펜션 주변으로 조성해둔 녹차밭의 아름다운 풍경과 함께 녹차 체험, 승
마 체험, 토굴 체험 등의 다양한 체험을 제공한다. 100미터 길이의 토굴
시음장에 보관해둔 토굴녹차된장, 토굴간장, 토굴젓갈, 토굴복분자와
인, 토굴녹차막걸리, 토굴발효차, 토굴소금 등은 이용객들에게 색다른
흥미를 안긴다. 또한, 미리 예약만 한다면 25년 경력의 요리 경력을 보
유한 주인장의 오리두루치기와 자연산 해산물 요리를 맛볼 수도 있다.

○ **가는 길** 장수교차로에서 녹차로 따라 대원다원 방면 오른쪽 봉화산 언덕에 위치
○ **주소** 보성군 보성읍 노산길 5-56
○ **예약 및 문의** 061-852-1966, blog.naver.com/golmangtae10

06 벌교읍권
소설을
읽듯
기행하는
보성

소설을 읽듯 기행하는 벌교읍 코스

여행 난이도 ★☆☆☆☆

전혀 힘들지 않다. 천천히 긴 산책을 하는 수준이다.

언제 가면 좋을까

봄과 초가을이 가장 좋다. 문학기행이 목적인 여행이라면 사계절 어느 때 찾아도 상관없겠지만, 자연색이 짙은 강골마을은 이 시기가 가장 좋다.

본격적인 여행에 앞서

1. 어디를 출발지점으로 삼아도 상관없지만 벌교역을 기점으로 삼는다면 보성여관을 1순위로 두는 것이 편하고, 벌교공용버스터미널을 기점으로 삼는다면 태백산맥문학관을 1순위로 두는 게 낫다.

2. 벌교 여행을 떠나기 전 소설 『태백산맥』을 먼저 읽어보는 것이 어떨까. 소설의 내용을 파악한 후에 벌교를 돌아본다면 여행의 재미는 크게 증폭될 것이다.

3. 벌교는 모든 여행지를 걸어서 돌아볼 수 있을 만큼 작은 도시다. 지도를 펼치고 순서대로 목적지를 찾아가는 재미를 누릴 수 있다. 굳이 대중교통을 이용하지 않아도 한나절이면 충분하다.

4. 벌교에서 주먹 자랑하지 말라'는 옛말을 한 번쯤은 들어봤을 것이다. '벌교의 주먹'은 싸움꾼의 주먹이기보다 일제강점기 일제의 탄압에 맞서 휘두른 의로운 주먹을 뜻한다. 수탈자들의 무력에 맨주먹으로 맞섰던 연유로 '벌교의 주먹'이 유명해진 것이다.

★ **보성여관에서 하룻밤 투숙해보자.** 숙박동에는 모두 일곱 개의 온돌방이 있다. 남도의 따뜻한 햇살이 스미는 마루에서 차를 한잔 마시고, 다다미방에 올라 어둠이 내리는 여관의 전경을 감상하자. 이는 현대의 모텔과 펜션의 편의에 익숙해진 심신에 새로운 체험을 선사할 기회다.

★ **갯벌 바라보며 꼬막 맛보기.** 벌교는 꼬막의 다산지로 유명하다. 벌교의 어느 식당을 들어가도 꼬막을 맛볼 수 있다. 오히려 꼬막을 팔지 않는 식당을 찾는 게 훨씬 어려울 정도. 벌교 여행의 시작과 마지막을 모두 감칠맛 나는 꼬막정식으로 장식해보는 건 어떨까. 인근 시장에서 싱싱한 꼬막을 직접 포장해갈 수도 있다.

★ **벌교의 옛 건물 감상하기.** 벌교를 여행할 때는 건물들의 건축 양식도 주의 깊게 살펴볼 필요가 있다. 벌교에는 시대를 가늠케 하는 건축 양식이 적잖이 남아 있기 때문이다. 보성여관이 그러하고, 회정리교회나 옛 금융조합 건물이 그러하다.

★ **『태백산맥』 마당극을 관람해보자.** 중도방죽, 태백산맥문학관, 현부자네 집, 김범우의 집 등 소설의 배경이 되는 공간에서 주요 장면을 각색한 마당극이 둘째주 토요일 오전 11시부터 오후 4시까지 펼쳐진다. 해설사의 설명까지 곁들여져 극중 상황을 쉽게 이해할 수 있다.

태백산맥문학관

현부자네 집

보성여관

역사의 산물은 온전히 보호되어야 함이 옳다. 오늘 우리가 현실에 대응하는 태도와 나아가야 할 방향을 제시해주기 때문이다. 그런 의미에서 벌교읍의 보성여관은 굉장히 보존이 잘된 역사 유물이다. 마룻장, 문살 하나까지 반듯하게 형태를 유지하고 있다. 보성여관은 해방 이후부터 한국전쟁까지의 시대적 상황을 기억하는 근현대 삶의 현장으로서 오늘날 우리와 함께한다. 조정래의 대하소설 『태백산맥』에서 토벌대장 임만수와 대원들의 숙소 '남도여관'으로 소개되기도 했다.

일제강점기, 남도 교통의 중심지였던 벌교는 일본인의 왕래가 잦았고, 이들의 숙소가 되어주었던 보성여관은 당시 5성급 호텔 수준의 숙박시설이었다. 검은 판자벽에 함석지붕을 얹고 있는 여관의 외관은 일제강점기 건물 형식을 그대로 유지한다. 20여 년 전부터 살림집과 상가로 활용되었고, 2004년에는 그 역사와 문화적 가치를 인정받아 등록문화재 제132호로 지정되었다. 여관은 숙박동과 작은 정원, 그리고 2층의 다다미방으로 구성되어 있다. 2012년에는 숙박이 가능한 여관의 기능을 복원하고 카페와 소극장, 전시실과 자료실을 함께 마련했다. 역사 속 인물들이 머물렀을 마루에 걸터앉아 책을 펼쳐본다. 오래된 정원에 내려앉은 햇살이 유난히 따사롭게 느껴진다. 보슬비나 눈이라도 내리면 여관의 운치는 한층 더 깊어진다.

알고 가면 더 좋다

보성여관의 2층은 네 칸으로 나뉜 일자형 평면의 일본식 다다미 방이다. 다목적 공간으로 활용하는 다다미방의 창문을 열면 여관의 지붕과 정원이 수묵화처럼 펼쳐진다. 다다미방으로 오르는 나무 계단과 좁다란 통로 역시 보성여관에서만 볼 수 있는 이색적인 공간이다.

1층에는 잠시 쉬어갈 수 있는 카페가 있다. 커피를 비롯해 녹차, 황차, 국화차 등 다양한 전통차가 준비되어 있다. 보성여관 입장료가 포함되어 있는 찻값을 지불하면, 묵어가지 않아도 보성여관을 구경할 수 있다. 벌교의 거리가 한눈에 들어오는 커다란 창가에 앉아 차 한잔을 즐기는 호사를 꼭 누리도록 하자. 봄에는 노란 햇살이, 가을에는 낙엽이, 겨울에는 하얀 눈송이가 창밖의 풍경을 더욱 아름답게 장식한다.

실제로 숙박이 가능한 여관의 기능을 하고 있어, 많은 관광객이 이곳에서 하룻밤을 묵어간다. 여관을 둘러보는 동안 숙박동의 투숙객에게 피해를 주지 않도록 주의해야 한다. 특히 아직 잠들어 있을 누군가를 위해 이른 오전에는 발걸음도 가볍게 조심조심 구경하도록 하자.

벌교 **주민 추천** ★★★★☆

"보성여관은 일제강점기의 건축 양식을 그대로 유지하고 있습니다. 조그맣게 마련한 자료실에서는 옛 교과서, 타자기 등 근대의 생활 소품을 전시하고 있고요. 크지 않지만 소소한 구경거리가 많은 곳이니, 구석구석 돌아보며 쉬다 가세요."

- **주소** 보성군 벌교읍 태백산맥길 19
- **입장시간** 10:00~17:00
- **입장료** 1000원
- **평균 소요시간** 1시간
- **문의** 061-858-7528,
  www.boseonginn.org

홍교

3면이 바다이며 지역마다 강이 흐르는 우리나라는 그 지리적 특성상 거대하고 아름다운 다리가 많다. 사방으로 분수를 뿜는 서울의 반포대교, 야경이 아름다운 부산의 광안대교, 그리고 총 길이 7000미터를 자랑하는 서해대교, 교량의 기능을 넘어 일종의 관광지 역할까지 담당하는 이 다리들은 사진작가의 작품이나 관광엽서 속에도 자주 등장한다. 벌교 홍교는 이처럼 최첨단 건축 시스템과 화려한 조명, 관광 마케팅까지 지원되는 거창한 다리는 아니더라도, 벌교 홍교는 벌교읍의 남과 북을 이으며 소박한 분위기와 오랜 세월의 흔적을 간직하고 있다.

홍교는 벌교 포구를 가로지르는 다리 중 가장 오래된 교량으로 세 칸의 무지개형 돌다리이다. 현존하는 아치형 석교 가운데 규모가 가장 크고 아름다워 보물 제304호로 지정되었다. 소설 『태백산맥』에서는 좌익들이 지주들에게 빼앗은 쌀을 소작인들에게 나누어주던 곳으로, 근처의 소화다리와 함께 많은 이들이 죽임을 당한 곳으로 등장한다. 원래 홍교는 길이가 80미터였는데 지금은 절반 이상이 사라져 약 30미터만 남아 있다. 나머지 부분은 질감과 형상이 다른 평석교와 이어져 있다. 좌익에 우익, 혹은 과거와 현재의 경계라도 되는 듯 햇빛과 그늘이 다리 아래 뒤섞여 있다. 아무것도 모르는 오리 가족만 다리 아래를 빠르게 지나간다. 바삐 사는 데 밀려 역사의 아픔을 지나치고 있는 우리들처럼 말이다.

알고 가면 더 좋다

새 다리를 덧붙인 모습이 의족에 의지한 상이군인처럼 다소 어색하고 서럽게 느껴진다. 그나마 일제강점기에 철거하려는 것을 주민들이 온몸으로 지켜낸 것이다.

본래 홍교가 놓인 자리에는 뗏목다리가 있었는데, '벌교筏橋'라는 지명도 여기에서 유래된 것이다. 벌교를 대표하는 상징물인 만큼 주민들은 60년마다 한 번씩 홍교의 환갑잔치를 해주고 있다.

벌교 사람들은 홍교를 '횡갯다리'라 부르기도 한다. 횡갯다리는 '홍교'와 '다리'가 합쳐진 사투리다.

다리 밑을 잘 살펴보면 천장 한가운데에 용머리를 조각한 돌이 비쭉 돌출되어 있는데, 이는 민간신앙의 표현으로 전해진다. 썰물 때 다리 아래에서 자세히 관찰할 수 있다.

홍교에서 도보로 10분 거리에 있는 '소화다리'는 1931년에 건립된 것으로 원래 이름은 '부용교'였으나 일제강점기 일왕 쇼와昭和의 이름을 따 소화다리라고 부르게 되었다. 여순사건부터 한국전쟁까지 밀물 때면 소화다리와 홍교, 벌교천이 피로 물들었다고 할 만큼 처절한 아픔이 묻어 있는 곳이다.

벌교 주민 추천 ★★★☆☆

"홍교 아래로 물때에 따라 바닷물이 드나들어요. 물이 빠지면 홍교를 더 자세히 살펴볼 수 있어요. 아치형 교각 사이를 오가며 노니는 오리가족의 평화로운 모습도 볼 만하지요."

- **주소** 보성군 벌교읍 채동선로 341
- **입장시간** 언제든
- **입장료** 없음
- **평균 소요시간** 머무르는 만큼

태백산맥문학관

벌교는 여순사건부터 한국전쟁까지의 역사적 진상을 품은 도시이다. 소설『태백산맥』은 이러한 벌교를 배경으로 하는 대하소설이다. 즉, 벌교에 있는 태백산맥문학관은 벌교의 역사적 산실인 동시에 소설의 열정을 담은 공간인 것이다. 태백산맥문학관의 형상은 마치 소설『태백산맥』의 주제의식을 반영하는 듯하다.『태백산맥』이 세월에 묻혀 있던 역사의 진실을 세상에 드러냈듯, 산자락을 파내 세운 태백산맥문학관 역시 산자락에 묻혀 있던 것을 발굴한 모습이다.

전시실은 총 여섯 개의 마당으로 구분되어 있다. 첫째 마당은 조정래 작가의 집필 동기, 소설『태백산맥』의 탄생 과정 등을 설명하고, 둘째 마당에서는 1만6500매의 육필 원고와 소설의 무대인 벌교에 대한 소개가 이어진다. 셋째 마당에서는 이적성 시비와 논란에 대해, 그리고 분단문학의 지평으로서의 소설을 조명한다. 조정래 작가의 삶과 문학 세계를 보여주는 넷째 마당을 거쳐 각종 편안한 분위기 속에 문학 도서를 읽어볼 수 있는 다섯째 마당을 지나면, 작가의 집필 공간인 여섯째 마당을 마주하게 된다. 소설과 작가, 그리고 벌교의 3박자가 여섯 개의 마당 속에 가지런한 호흡을 유지하고 있다. 태백산맥문학관을 벌교 여행의 기점으로 삼는 것도 좋겠다. 마치 소설을 읽듯, 벌교의 거리를 가슴으로 읽으며 거닐어볼 수 있을 테니 말이다.

알고 가면 더 좋다

소설 『태백산맥』은 조정래 작가가 지은 대하역사소설로 총 4부 10권으로 구성되어 있다. 1부는 여순사건 종결 직후부터 1948년 12월 빨치산 부대가 율어 지역을 해방구로 장악하는 데까지를, 2부는 여순사건 이후 약 10개월 뒤까지, 3부는 한국전쟁 발발 전후를, 4부는 1950년 12월부터 1953년 7월 휴전협정 직후까지의 시기를 배경으로 한다. 한국 현대사의 가장 중대한 시기를 소설로 서사한 것이다.

문학관 옆면과 마주보는 옹벽에는 대형 벽화 〈원형상-백두대간의 염원〉이 설치되어 있다. 분단의 종식과 통일에 대한 염원을 담은 작품으로 3만8720개의 오방색 돌을 활용해 백두대간과 지리산, 독도 등 우리 국토를 웅장하게 형상화했다. 조정래 작가와 한국화가 이종상, 그리고 문학관을 설계한 김원이 공동으로 기획했다. 이 벽화는 2011년 한국기록원으로부터 '국내 최초, 최대의 자연석 옹석벽화'로 공식 인증을 받기도 했다.

문학관 건물 바로 옆에 소설의 주요 등장인물인 현 부자와 소화의 집이 있다. 문학관 관람 후 지나치지 말고 방문할 것.

벌교 주민 추천 ★★★★☆

"『태백산맥』은 역사의 비극을 증언하고, 이를 극복하고자 했던 인물들의 의지를 표현한 소설이죠. 태백산맥문학관은 조정래 작가의 문학적 성과를 기리기 위한 공간이기도 하지만, 역사의 상처를 알고, 보듬기를 바라는 소망이 담긴 공간이기도 합니다."

- **주소** 보성군 벌교읍 홍암로 89-19
- **입장시간** 9:00~18:00, 매주 월요일 휴관
- **입장료** 2000원
- **평균 소요시간** 1~2시간
- **문의** 061-858-2992, tbsm.boseong.go.kr

강골마을

무슨 동, 무슨 단지, 무슨 지구 등으로 지칭되는 아스팔트 가득한 동네에서 먹고 자는 이들에게, 논과 밭이 뻗어 있고 뒷동산에 토끼가 뛰어놀며, 매일 웰빙 식단을 맛볼 수 있는 시골마을은 진정 환상 속의 낙원, 무릉도원과 다를 바가 없다. 득량만과 오봉산 자락의 청정 자연환경에 둘러싸인 강골마을은 그러한 환상을 충족해주기에 충분하다.

마을 곳곳에 벚나무, 목련, 석류나무 따위의 고목들이 솟아 있고, 가옥과 가옥 사이에는 담쟁이덩굴과 대나무로 뒤덮인 돌담길이 이어진다. 양질의 쌀과 맛있고 신선한 오이, 토마토, 감자, 버섯, 고추 등의 농산물이 밥상을 채우고, 청정해역 득량만에서 잡아올린 꼬막과 바지락, 새조개, 키조개 등의 별미가 산재해 있다.

하지만 강골마을의 진짜 자랑거리는 100여 년 세월을 건너온 마을의 고택들이다. 마을에 남은 가옥의 대부분은 19세기 이후 광주 이씨 집안에서 지은 것들로, 30여 채밖에 되지 않음에도 세 채의 가옥과 '열화정'이라는 한 개의 정자가 중요민속자료로 지정될 만큼 문화재적 가치가 높은 곳이다.

바람 좋은 날, 눈을 감고 울타리의 연주에 가만히 귀를 기울여보자. 가슴을 두드리는 바람이 대나무를 흔들어놓은 소리가 마음 사이로 시냇물처럼 맑게 흐를 테니 말이다.

287

알고 가면 더 좋다

강골마을은 방문객에게 전통한옥에서의 하룻밤 체험을 제공한다. 재래식 화장실에서 볼일 보기, 우물 사용하기, 시골 밥상 맛보기 등 옛날 그대로의 생활을 체험할 수 있다. 불편하지만 행복하고 평화로운 하루를 원한다면 하룻밤 묵어보는 것도 좋다.

강골마을에는 돌담을 비롯해 생울타리, 대나무울타리, 흙돌담, 복합담(흙돌+생울) 등 여러 형대의 전통 담장이 존재한다.

마을을 돌아볼 때 연둣빛 대나무 울타리와 자줏빛 항아리를 1분만 지그시 바라보자. 복잡했던 마음이 한결 편안해질 것이다. 이렇듯 강골마을의 풍경에는 마음을 다스리는 효능이 있다.

남도방식의 분위기가 물씬 풍기는 기와집 이용욱 가옥과 이금재 가옥, 들마루와 숯을대문이 대나무로 되어 있는 초가집 이식래 가옥은 중요민속문화재로 지정된 전통가옥이다. 마을 뒤 깊숙한 숲 가운데 자리한 정자 열화정도 빼놓지 말자.

강골마을로 가려면 벌교버스공용터미널에서 '벌교-보성(조성, 대보등)' 버스를 타고 하작정류장에서 하차하면 된다. 단, 상점이나 식당 등 편의시설이 없으니 필요한 것은 미리 준비하자.

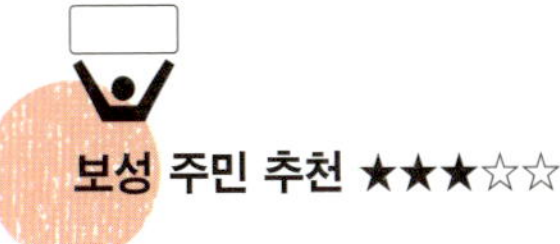

보성 주민 추천 ★★★☆☆

"급하게 둘러보면 그냥 시골의 작은 마을이지만, 천천히 둘러보면 낙원입니다. 강골마을에서는 속도를 버리고 느릿느릿 여유를 갖는 게 여행 포인트입니다."

- **주소** 보성군 득량면 강골길 40
- **입장시간** 자유롭게
- **입장료** 없음
- **평균 소요시간** 1~2시간
- **문의** 061-853-2885,
  gg.invil.org

벌교 여행의 정석

소설 태백산맥 따라 걷기

소설『태백산맥』의 무대인 벌교 읍내에는 소설 속 사건들이 펼쳐진 여러 배경이 실제로 존재해 사실감을 더해준다. 이에 소설의 배경을 직접 둘러볼 수 있도록 '태백산맥 문학기행길'을 마련했다. 먼저 태백산맥문학관에서 소설의 주제의식을 살피고, 소설의 첫 장을 장식한 현부자네 집 문을 열고 둘러본 후, 주인공 정하섭이 사랑을 꽃피웠던 무당 소화의 집을 찾아간다. 지식인 서민영이 야학을 열었던 회정리교회(현 대광어린이집)를 지나 여순사건의 비극과 참상을 묘사했던 소화다리를 건너 벌교 주민들의 신망을 받던 대지주 김범우의 집도 들여다본다. 벌교의 이름이 유래된 홍교의 앤티크한 풍경도 감상한 후, 등장인물 임만수와 대원들이 묵었던 남도여관(현 보성여관)에 들러 따뜻한 차 한잔과 쉼을 얻어가자. 소설에서 하대치의 아버지 하판석 영감이 허리가 휘도록 돌덩이를 날라 쌓은 중도방죽은 꽃길 가득한 산책로가 되었다. 이처럼 소설 속 공간과 실제 벌교의 모습을 비교해보는 재미가 상당하다. 소설을 읽듯 꼼꼼히 들여다보면 볼수록 벌교는『태백산맥』처럼 흥미롭고 서글프고 위대하게 느껴질 것이다.

● **위치** 보성군 벌교읍 홍암로 89-19에서 시작

♣ '태백산맥 문학기행길' 주요 코스(총 3~4시간)

태백산맥문학관
소화의 집
현부자네 집

회정리교회
홍교
김범우의 집
소화다리
자애병원

남도여관
별교철다리

중도방죽
진트재

국일식당

벌교는 꼬막의 고장답게 꼬막정식을 전문으로 하는 식당이 참 많다. 아니 모든 식당이 꼬막정식을 메뉴로 내놓고 있다고 해도 과언이 아니다. 그중에서도 국일식당이 으뜸이다. 벌교 꼬막정식의 원조로도 잘 알려진 국일식당은『한국인이 사랑하는 오래된 한식당 100선』에도 이름을 올린 바 있다.

- **가는 길** 보성여관 입구 맞은편
- **주소** 보성군 벌교읍 태백산맥길 18-1
- **문의** 061-857-0588
- **휴일** 연중무휴

갈비나라

꼬막 요리 일색인 벌교에서 발견한 반가운 갈빗집이다. 갈비나라의 대표 메뉴는 갈비찜과 돼지갈비구이. 백년초, 머루, 매실 등 20여 가지 이상의 산야초로 만든 소스에 갈비를 재우고, 항아리에서 3일간 저온 숙성했다. 산야초가 고기의 잡내를 잡고 인체의 신진대사 활성화를 돕는다. 갈비정식에 나오는 10여 가지 반찬 역시 하나하나가 수준급이다. 거기다 후식으로 냉면까지 제공하니, 이런 천사표 식당이 또 어디 있을까.

- **가는 길** 소화다리 천변로
- **주소** 보성군 벌교읍 벌교천1길 47-1
- **문의** 061-858-3705
- **휴일** 첫째주, 셋째주 수요일

벌교죽집

낯선 거리를 떠돌다 점심시간을 놓쳤을 때, 그다지 입맛이 없을 때, 확 당기는 메뉴가 떠오르지 않을 때, 부담 없이 찾아가기 좋은 집이다. 팥죽 전문점이지만, 팥죽만 파는 게 아니다. 팥죽과 칼국수 그리고 콩국수가 일품인 벌교죽집은 현지인들도 인정하는 1등 맛집이다. 팥을 비롯해 모든 식재료는 국산만을 사용한다. 시원한 국물 맛을 자랑하는 칼국수에 가득 들어가는 홍합과 석화도 인근 수산시장에서 매일 공수해온다. 저렴한 가격도 장점이다.

- **가는 길** 벌교읍사무소에서 우성마트 사거리를 지나 오른쪽
- **주소** 보성군 벌교읍 계두길 13-1
- **문의** 061-858-0803
- **휴일** 연중무휴

벌교어물전거리

벌교시장을 중심으로 대로변에 무수한 어물전이 형성되어 있다. 벌교의 대표 특산물인 참꼬막과 새꼬막을 비롯해 키조개, 홍합, 낙지, 홍어, 가자미, 민어, 고등어, 갑오징어, 꼴뚜기 등 다양한 해산물이 수북하게 쌓여 있다. 식당에서 먹는 꼬막도 맛있지만, 산지에서 구입해 직접 요리해먹는 꼬막 맛 또한 싱싱하기 그지없다. 꼬막은 킬로그램 단위로 포장판매하고, 전국으로 택배 주문도 가능하다.

- **가는 길** 벌교역 오른쪽 하나로마트 일대
- **주소** 보성군 벌교읍 홍암로 11
- **문의** 061-850-8110
- **휴일** 연중무휴

보성여관

2012년 6월 재단장해 문을 연 보성여관에서는 근현대를 배경으로 하는 문학적, 역사적 체험을 해볼 수 있다. 숙박동은 총 일곱 개 방을 보유하고 있으며, 여관 2층의 다다미방은 회의나 문화 체험 활동의 장으로 활용되고 있다. 숙박 가격은 8만 원부터 시작한다. 깔끔한 시설 덕분에 특별한 불편은 없다. 단, 일부 객실은 화장실과 샤워실을 공동으로 사용해야 한다.

● **가는 길** 벌교초등학교 입구
● **주소** 보성군 벌교읍 태백산맥길 19
● **예약 및 문의** 061-858-7528, www.boseonginn.org

은빛바다펜션

득량만을 바라보는 펜션은 외딴 섬처럼 고요하고 평화롭다. 햇빛에 반짝이는 득량만은 펜션의 둥지가 되어준다. 펜션의 모든 방은 바닷가를 향해 있어 거실 창문에서 바다를 바라볼 수 있다. 호화로운 시설은 아니지만, 알뜰한 가격으로 멋진 일몰을 조망할 수 있는 펜션이다. 또한 펜션 앞에서는 갯바위낚시 체험을 할 수 있다. 물때만 잘 맞추면 돔, 장어, 숭어 등을 수차례 건지는 횡재를 할 수도 있다.

- **가는 길** 비봉리 공룡알 화석 산지에서 객산리 방면으로 도보 10분
- **주소** 보성군 득량면 공룡로 578-5
- **예약 및 문의** 061-852-1144, www.silverseapension.com

8500만 년 전을 추억하며

비봉리 공룡알 화석 산지

비봉리의 공룡알 화석지는 공룡알 및 공룡알 둥지 화석이 대규모로 발견된 지역으로, 그 보존 상태가 거의 완벽한 것으로 평가받는다. 약 8500만 년 전(중생대 백악기 후기) 공룡알을 비롯해 공룡의 골격, 거북뼈, 거북알이 발견되고 있으며, 우리나라 최대의 공룡알 둥지가 발견된 곳으로도 학계에 보고되었다. 그런데 특이한 점은 새끼 공룡 화석을 찾을 수 없다는 것. 25개의 알둥지와 200여 개의 공룡알이 발굴되었음에도 공룡 태아나 태아의 골격 구조 화석이 발굴되지 않았다.

화석은 보성군 득량면 비봉리 선소해안 일대 약 3킬로미터에 걸쳐 넓게 분포되어 있다. 화석이 발굴된 선소해안은 화석지로서의 희소가치를 인정받아 천연기념물 제418호 지정되었다. 그만큼 철저한 보호가 필요한 구역이기에 화석지가 훼손되지 않도록 바위 위로 관람 데크를 설치해 사람들의 침범을 막았다. 무엇보다 아쉬운 점은 진짜 공룡알을 볼 수는 없다는 것. 전시되어 있는 공룡알 화석은 모형들에 불과하다. 진짜 공룡알 대신 화석지의 흔적을 보는 것으로 만족해야 한다. 하

긴 진짜 공룡알 화석을 사람들의 손길이 닿는 야외전시장에 함부로 방치해 둘 수는 없었을 테다. 하지만 선소해안에서 약 1킬로미터 떨어진 곳에 비봉공룡공원이 조성되고 있다 하니, 머지않아 그곳에서 진짜 공룡알을 구경할 수 있을지도 모르겠다.

그게 아니더라도 공룡알 화석지가 있는 선소해안을 산책하는 것만으로 마음은 충분히 즐겁다. 저녁이면 노을에 물든 황금빛 파도를 감상할 수 있고, 소리도 없이 수평선을 향해 나아가는 어선들의 선한 뒷모습을 볼 수 있으니 말이다. 지나온 여행을 천천히 추억해보기에 알맞은 저녁 풍경이다.

- **위치** 보성군 득량면 비봉리 545-1
- **가는 법** 보성시외버스터미널에서 '보성-비봉(득량.비봉.객산)'나 '보성-천포(천포.객산.비봉)' 방면 버스를 타고 선소정류장에서 하차하면 된다.
- **문의** 보성군 문화관광과 061-850-5204

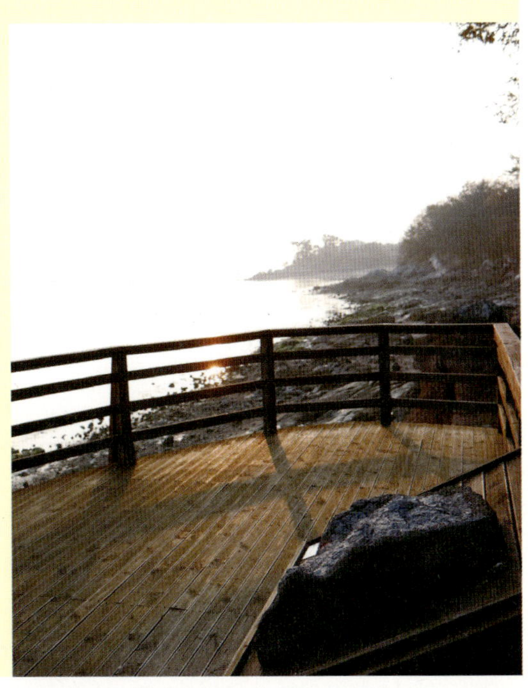

이렇게도 가보자

★순천

당일치기 코스

코스1

순천만자연생태공원-순천문학관-낙안읍성민속마을-(점심식사)-선암사-순천전통야생차박물관

코스2

순천오픈세트장-순천만자연생태공원-(점심식사)-낙안읍성민속마을-송광사

1박 2일 코스

코스1

첫째날 순천오픈세트장-문화의 거리-(점심식사)-순천만정원-순천만자연생태공원

둘째날 낙안읍성민속마을-뿌리깊은나무박물관-(점심식사)-송광사 또는 선암사

코스2

첫째날 죽도봉공원-문화의 거리-순천향교-(점심식사)-순천만자연생태공원-순천문학관-화포해변

둘째날 낙안읍성민속마을-뿌리깊은나무박물관-(점심식사)-송광사 또는 선암사

2박 3일 코스

첫째날 죽도봉공원–순천오픈세트장–(점심식사)–순천만정원–순천만자연
생태공원

둘째날 순천향교–문화의 거리–(점심식사)–낙안읍성민속마을–화포해변

셋째날 선암사–굴목재길–(점심식사)–송광사

테마별 코스

순천 문화재 코스

죽도봉공원–순천향교–낙안읍성민속마을–금강암–선암사–송광사

순천만 생태 탐방 코스

순천만정원–순천만자연생태공원–화포해변–와온해변

한눈에 즐기는 전망 코스

죽도봉공원(강남정에서 순천 시내 전망)–순천오픈세트장(세트장 언덕에서
옛 순천 읍내 전망)–순천만자연생태공원(용산전망대에서 순천만과 갈대밭
전망)–화포해변(화포 일출과 일몰 전망)–금강암(의상대에서 낙안 전망)–
송광사(감로탑 언덕에서 송광사와 조계산 전망)

손잡고 데이트 코스

1안 순천오픈세트장–조례호수공원–순천오일장(아랫장 또는 웃장)–순천
만자연생태공원

2안 순천만정원–남제골벽화마을–문화의 거리–동천–죽도봉공원

★보성

당일치기 코스

대한다원−한국차박물관−(점심식사)−태백산맥문학관−보성여관−홍교

1박 2일 코스

첫째날 대한다원−율포솔밭해변−(점심식사)−강골마을

둘째날 태백산맥문학관−소화다리−홍교−(점심식사)−보성여관−벌교어물
전거리

테마별 코스

드라이브 코스

주암호(서재필기념공원, 고인돌공원, 대원사, 백민미술관)−대한다원

게으름 피우기 좋은 코스

보성여관−율포솔밭해변−대한다원−주암호

스페셜 풍경 코스

대한다원(계단식 녹차밭)−율포솔밭해변(소나무 숲)−비봉리 공룡알 화석
산지(선소해안)−주암호(호반을 에두르는 능선)

★ 순천에서 보성까지 한 번에

당일치기 코스

자가용을 이용한다면

순천만자연생태공원—낙안읍성민속마을—(점심식사)—대한다원—태백산맥문학관—보성여관

대중교통을 이용한다면

대한다원—순천 아랫장 또는 웃장에서 점심식사—낙안읍성민속마을—순천만자연생태공원

1박2일 코스

첫째날 죽도봉공원—순천오픈세트장—(점심식사)—낙안읍성민속마을

둘째날 순천만자연생태공원—보성여관—(점심식사)—대한다원

2박3일 코스

첫째날 순천오픈세트장—(점심식사)—남제골벽화마을—순천만자연생태공원(문학관)—용산전망대

둘째날 선암사—굴목재길(점심식사)—송광사

셋째날 대한다원—(점심식사)—율포해수욕장

3박4일 코스(일정의 마지막을 장날에 맞추자)

첫째날 낙안읍성민속마을—선암사—(점심식사)—순천만자연생태공원—용산전망대 또는 와온해변

둘째날 1안 보성다원-벌교어물전거리-(점심식사)-강골마을

둘째날 2안 태백산맥문학관-(점심식사)-보성다원-율포솔밭해변

셋째날 순천오픈세트장—순천 아랫장 또는 웃장—(점심식사)—문화의 거리—동천—죽도봉공원

휴식이 필요한 당신을 위한 맞춤 순천 보성 여행

쉼표, 순천 보성

1판1쇄 펴냄 2014년 3월 31일

지은이 이환길 | **펴낸이** 김경태 | **마케팅** 박정우 | **편집** 홍경화
디자인 Studio Marzan 김성미 | **지도 제작** 한승일
사진 제공 거차뻘배체험장 p78~79 골망태펜션 p267 그린티하우스 p266 김세권 p268~269, 273, 277, 293, 298 김세은 p146~147, 157 낙안읍성민속마을 p180~181 배태성 p124 백종승 p4~5, 41 베네치아호텔 p138 보성군청 p235, 241, 249, 281, 287, 289 보성녹차리조트 p265 보성다비치콘도 p264 선암사 p14, 193 송광사 p187, 208~209, 219 순천꽃마차마을 p169 순천만빌리지펜션 p70 순천만자연생태관 p77 순천만하루애펜션 p72 은빛바다펜션 p299 전제우 p17, 187, 202, 205, 207, 210~211 풀밸리펜션 p179

펴낸곳 퍼블리싱 컴퍼니 클
출판등록 2012년 1월 5일 제311-2012-02호
주소 122-842 서울시 은평구 연서로 26길 25-6
전화 070-4175-4680 | 팩스 02-354-4680 | 이메일 editor@bookkl.com

ISBN 979-11-85502-04-5 13980

이 도서의 국립중앙도서관 출판시도서목록(CIP)은 서지정보유통지원시스템 홈페이지(http://seoji.nl.go.kr)와 국가자료공동목록시스템(http://www.nl.go.kr/kolisnet)에서 이용하실 수 있습니다.(CIP제어번호: CIP2014008265)